拱坝体形优化设计
——模型、方法与程序

孙林松　著

科学出版社

北　京

内 容 简 介

本书在介绍拱坝的发展过程及体形优化设计研究现状的基础上，详细论述了拱坝体形优化设计的一般模型与方法、拱坝体形多目标优化设计、拱坝体形稳健优化设计以及考虑拱坝结构非线性特征的体形优化设计；介绍了拱坝体形优化设计软件 ADSO 的使用方法。

本书可供拱坝设计人员、研究人员使用，也可作为高等院校相关专业本科生、研究生的教学参考用书。

图书在版编目(CIP)数据

拱坝体形优化设计：模型、方法与程序/孙林松著. —北京：科学出版社，2017.10

ISBN 978-7-03-054734-7

Ⅰ. ①拱⋯ Ⅱ. ①孙⋯ Ⅲ. ①拱坝-设计-研究 Ⅳ. ①TV642.4

中国版本图书馆 CIP 数据核字(2017)第 245438 号

责任编辑：李涪汁 沈 旭/责任校对：彭 涛
责任印制：张克忠/封面设计：许 瑞

科 学 出 版 社 出版
北京东黄城根北街16号
邮政编码：100717
http://www.sciencep.com
新科印刷有限公司 印刷

科学出版社发行 各地新华书店经销

*

2017 年 10 月第 一 版 开本：720×1000 1/16
2017 年 10 月第一次印刷 印张：8 3/4
字数：176 000

定价：79.00 元
(如有印装质量问题，我社负责调换)

前　　言

　　拱坝是水利工程中最重要的坝型之一，它以结构合理与体形优美著称。拱坝体形设计是拱坝设计中具有战略意义的一个方面，它对拱坝的安全性和经济性有着重要的影响。拱坝体形优化设计是利用最优化方法与计算机相结合，寻求在特定设计条件下拱坝的最优体形。随着我国拱坝建设的发展，拱坝体形优化技术在拱坝设计中得到了广泛的应用，有力地提高了拱坝设计质量与效率。尤其是近年来，结合我国水电开发中的一批高拱坝所开展的体形优化研究，使我国在拱坝设计理论方面处于世界领先地位。

　　作者10余年来一直从事拱坝体形优化设计方面的研究，本书系统介绍了作者在这方面的研究成果，以期与从事拱坝设计与研究的专家学者共同切磋。

　　本书的第1章介绍了拱坝的发展过程及体形优化设计研究现状；第2章介绍了拱坝体形优化设计的一般模型与方法，包括拱坝体形优化设计模型的建立、加速微种群遗传算法以及三次样条线型拱坝体形优化设计等；第3章介绍了拱坝体形多目标优化设计模型以及基于模糊理论、灰色理论和博弈论的优化方法；第4章讨论了考虑基础变形模量不确定性的拱坝体形稳健优化设计，主要包括最大有限元等效应力的优化解法、拱坝体形稳健可行性优化以及基于应变能的拱坝稳健优化等；第5章介绍了考虑结构非线性的拱坝体形优化设计，主要包括拱坝结构非线性分析的线性互补-有限元方法和基于整体安全度的拱坝体形优化设计以及开裂深度约束下的拱坝体形优化设计；第6章介绍了拱坝体形优化设计软件ADSO的使用方法。

　　本书的相关研究工作得到了国家自然科学基金项目(90410011、51279174)以及江苏省高校优势学科建设工程资助项目的资助，本书的出版得到扬州大学出版基金的资助，作者在此一并表示衷心的感谢。作者还要特别感谢河海大学博士生导师王德信教授，多年来王老师对作者的科研工作一直给予极大的关心与帮助。

另外，作者还要感谢自己的研究生张伟华、孔德志、杜峰，他们也参与了相关的研究。

限于作者水平及研究深度，书中难免有不当之处，恳请读者及同行专家批评指正。

孙林松

2017 年 6 月于扬州

目　　录

前言
1　绪论 ·· 1
  1.1　拱坝建设的历史 ·· 2
  1.2　拱坝体形的发展 ·· 4
  1.3　拱坝体形优化设计研究进展 ·· 5
    参考文献 ··· 7
2　拱坝体形优化设计模型与方法 ·· 9
  2.1　拱坝体形的几何描述 ·· 9
    2.1.1　拱坝几何模型的构造方法 ·· 9
    2.1.2　拱冠梁的几何描述 ·· 10
    2.1.3　水平拱圈的几何描述 ·· 11
  2.2　拱坝体形优化设计数学模型 ·· 14
    2.2.1　设计变量 ··· 14
    2.2.2　目标函数 ··· 15
    2.2.3　约束条件 ··· 15
    2.2.4　数学模型及求解 ··· 17
  2.3　结构优化的加速微种群遗传算法 ·· 18
    2.3.1　遗传算法的基本组成 ·· 18
    2.3.2　加速微种群遗传算法 ·· 21
  2.4　三次样条线型拱坝体形优化设计 ·· 27
    2.4.1　三次样条线型拱圈的构造 ·· 27
    2.4.2　三次样条线型拱坝体形优化设计模型 ···································· 30
    2.4.3　工程算例 ··· 30
    参考文献 ··· 33
3　拱坝体形多目标优化设计 ·· 35
  3.1　拱坝多目标优化设计的数学模型 ·· 35
    3.1.1　多目标优化问题的一般描述 ·· 35
    3.1.2　拱坝优化的多目标函数 ·· 35
    3.1.3　多目标优化问题的一般解法 ·· 36

3.2 基于模糊贴近度的拱坝体形多目标优化设计 ·················· 38

3.2.1 模糊集与模糊贴近度 ························· 38

3.2.2 多目标优化的模糊贴近度解法 ··················· 40

3.2.3 工程算例 ····························· 41

3.3 基于灰色关联度的拱坝体形多目标优化设计 ·················· 45

3.3.1 灰色系统与灰色关联度 ······················· 45

3.3.2 多目标优化问题的灰色关联度解法 ················· 46

3.3.3 工程算例 ····························· 47

3.4 基于博弈论的拱坝体形多目标优化 ···················· 49

3.4.1 多目标优化的合作博弈模型与 Nash 仲裁解法 ·········· 49

3.4.2 工程算例 ····························· 49

参考文献 ······························· 51

4 拱坝体形稳健优化设计 ··························· 53

4.1 基础变形模量不确定条件下的拱坝最大有限元等效应力 ·········· 53

4.1.1 有限元等效应力计算 ······················· 53

4.1.2 计算拱坝最大有限元等效应力的最优化模型 ············ 56

4.1.3 工程算例 ····························· 58

4.2 考虑基础变形模量不确定性的拱坝稳健可行性优化 ············ 62

4.2.1 稳健优化设计与稳健可行性 ···················· 62

4.2.2 考虑基础变形模量不确定性的拱坝体形稳健可行性优化设计

模型 ······························ 64

4.2.3 工程算例 ····························· 64

4.3 基于应变能的拱坝体形稳健优化设计 ··················· 67

4.3.1 基于应变能的拱坝体形稳健优化模型 ··············· 67

4.3.2 坝体应变能对基础变形模量的灵敏度 ··············· 69

4.3.3 工程算例 ····························· 70

参考文献 ······························· 71

5 考虑结构非线性的拱坝体形优化设计 ····················· 73

5.1 拱坝弹塑性有限元分析的线性互补方法 ·················· 73

5.1.1 弹塑性分析的基本方程 ······················ 73

5.1.2 弹塑性问题的互补变分原理 ···················· 77

5.1.3 有限元离散与线性互补模型 ···················· 80

5.2 拱坝横缝的线性互补模型与方法 ····················· 89

5.2.1 横缝接触条件与本构模型 ····················· 89

5.2.2 接触问题的增量描述与互补虚功方程 ··············· 92

　　　5.2.3　有限元离散与线性互补模型 ················· 94
　　5.3　基于整体安全度的拱坝体形优化设计 ················· 98
　　　5.3.1　拱坝整体安全度分析方法 ················· 98
　　　5.3.2　考虑整体安全度目标的拱坝体形优化设计 ·············101
　　5.4　开裂条件下的拱坝体形优化设计 ·············104
　　　5.4.1　拱坝开裂分析的超级有限单元法 ·············104
　　　5.4.2　考虑开裂深度约束的拱坝体形优化设计 ·············106
　　参考文献 ·············108
6　拱坝体形优化设计软件 ADSO 使用指南 ·············110
　6.1　软件结构与功能 ·············110
　6.2　软件使用方法与步骤 ·············112
　　　6.2.1　工程模块 ·············113
　　　6.2.2　初始体形参数模块 ·············113
　　　6.2.3　有限元网格剖分参数模块 ·············116
　　　6.2.4　材料参数模块 ·············119
　　　6.2.5　荷载工况模块 ·············122
　　　6.2.6　体形优化参数模块 ·············125
　　　6.2.7　功能选择模块 ·············129
　　　6.2.8　帮助模块 ·············130
　　参考文献 ·············131

1 绪 论

拱坝是嵌固于基岩的空间壳体结构挡水建筑物，在平面上呈凸向上游的拱形，它借助拱的作用将水压力全部或部分传给河谷两岸的基岩。与重力坝相比，拱坝的稳定主要依靠两岸坝肩岩体的作用，而不是全靠坝体的重量来维持稳定。拱圈主要以受压为主，可充分利用混凝土等筑坝材料抗压性能好的特点。因此，拱坝是一种经济性和安全性都很好的坝型。根据国际大坝委员会的统计资料，目前全世界 15m 以上的大坝共有 58519 座，其中拱坝 2319 座，约占 4%；但 200m 以上的大坝中，近一半采用了拱坝坝型[1]。表 1.1 给出了世界坝高前 20座已建大坝。

表 1.1 世界坝高前 20 座已建大坝

序号	坝名	国家	最大坝高/m	坝型	建成年份
1	锦屏一级	中国	305	拱坝	2014
2	努列克 (Nurek)	塔吉克斯坦	300	土坝	1980
3	小湾	中国	294.5	拱坝	2012
4	溪洛渡	中国	285.5	拱坝	2015
5	大迪克桑斯 (Grande Dixence)	瑞士	285	重力坝	1962
6	因古里 (Inguri)	格鲁吉亚	272	拱坝	1980
7	瓦依昂 (Vajont)	意大利	262	拱坝	1959
8	糯扎渡	中国	261.5	堆石坝	2015
9	奇柯阿森 (Chicoasén)	墨西哥	261	土坝	1981
10	特赫里 (Tehri)	印度	260.5	土坝	1990
11	莫瓦桑 (Mauvoisin)	瑞士	250	拱坝	1991 加高
12	拉西瓦	中国	250	拱坝	2010
13	德里内尔 (Deriner)	土耳其	247	拱坝	2004
14	阿尔伯托·里拉斯 (Alberto Lleras)	哥伦比亚	243	堆石坝	1989
15	麦卡 (Mica)	加拿大	243	土坝	1972
16	奇比 (Gibi Ⅲ)	埃塞俄比亚	243	重力坝	2013
17	萨扬舒申斯克 (Sayano-Shushenskaya)	俄罗斯	242	重力拱坝	1985
18	二滩	中国	240	拱坝	1999
19	埃斯梅拉达 (La Esmeralda)	哥伦比亚	237	堆石坝	1975
20	奥罗维尔 (Oroville)	美国	235	土坝	1968

1.1 拱坝建设的历史

人类修建拱坝具有悠久的历史，最早可追溯至古罗马时期[2]。公元前 1 世纪修建于法国的鲍姆(Vallon de Baume)拱坝是目前发现的最古老的拱坝，坝高 12m，坝顶弧长 18m。3 世纪修建于葡萄牙的蒙特诺沃(Monte Novo)拱坝，坝高 5.7m，长 52m。成吉思汗西征占领了中东地区后，蒙古人在伊朗也修建了一些拱坝，如 1300 年建成的凯巴(Kebar)拱坝，坝高 26m；1350 年建成的库里特(Kurit)拱坝，坝高 60m，1850 年又加高到 64m，这个坝高纪录一直保持到 20 世纪初。在西班牙，1384 年竣工的阿尔曼扎(Almanza)拱坝，坝高 17m，底宽 16m，1586 年加高了 6m，同时拆除了部分坝体，底宽减小到了 11m，形象地反映了设计者已经逐步认识到由于拱的作用，坝体断面可以做得薄一些。1612 年意大利修建了邦达尔多(Pontalto)拱坝，当时坝高 5m，后来经过多次加高，1887 年坝高达到 39m。

早期的拱坝建设，人们只是凭借经验在实践中摸索前进。随着欧洲工业革命的发展和工程力学的诞生，人们开始用薄壁圆筒公式设计拱坝，其中具有里程碑意义的是法国工程师左拉(Zola)在 1847~1854 年用这种方法建成的高 43m 的左拉拱坝，这是世界上第一座经过应力分析设计的拱坝。其后，人们利用圆筒概念及其公式又设计、建造了一批中小型拱坝，如美国 1884 年建成的熊谷(Bear Valley)拱坝，澳大利亚 1856 年建成的帕拉马塔(Parramatta)拱坝、1880 年建成的 75 英里(75-Miles)拱坝等，其中后者是最早的混凝土拱坝[3]。

到 20 世纪初，西欧和北美的工程师对固端拱法作了大量的研究，认为固端拱法能反映坝肩对拱圈的约束作用，用它进行拱坝设计比纯拱法更接近实际。从 20 世纪初到 40 年代，美国和西欧采用这种方法建造了一批拱坝。如意大利 1909 年建成的西斯蒙(Cismon)拱坝、1914 年建成的卡费罗(Carfino)拱坝，美国 1914 年建成的鲑鱼溪(Salmon Creek)拱坝等。后者也是世界上第一座变半径拱坝，坝高 51m。

圆筒法和固端拱法只反映了拱圈的作用，而没有反映各层拱圈之间的相互作用。1889 年美国的维切尔(H. Vischer)和瓦格纳(L. Wagener)在校核熊谷拱坝应力时，提出了所谓的拱冠梁法，即在拱冠处设置一根悬臂梁，根据梁和各层拱圈在交点处径向变位一致的条件，将水荷载在拱和梁之间进行分配。10 多年后，该方法被用于设计探路者(Pathfinder)拱坝和比尔牛(Buffalo Bill)拱坝。1917 年瑞士工程师格伦纳(H. E. Gruner)把拱冠梁法发展为径向变位调整的多拱梁分载法，并用于设计了瑞士的第一座拱坝——蒙特沙尔文斯(Montsalvens)拱坝，这也是世界上第一座非圆弧拱坝，其水平拱是一个悬链曲线，从拱冠到拱端逐渐加厚。20 世

20~30 年代，为了准备修建坝高 221m 的胡佛(Hoover)拱坝，美国垦务局在萨凡奇(J. L. Savage)的领导下，对多拱梁分载法进行了改进。1925 年，伏格特(F. Vogt)增加了考虑坝基弹性变形的计算方法；1929 年，海因兹(J. Hinds)等在径向变位调整的基础上增加了切向变位调整和扭转角调整；1930 年，柯恩(F. D. Kirn)等给出了基于单位荷载变位通过试算求得变位一致的计算方法，即试载法(trial load method)；1934 年，霍克(J. G. Houk)又进一步增加了水平扭转角的调整。

基于拱梁分载的概念，美国工程师本着拱梁并重的思想，为了减小或消除梁底上游垂直拉应力，往往使梁的厚度越接近地基越急剧增加。1930 年建成的达布洛(Diablo)拱坝就是一个典型的代表；胡佛拱坝底厚 201m，坝体断面接近重力坝，这一方面表明了美国人对首次超越 200m 坝高的谨慎，另一方面也是他们拱梁并重设计理念的体现。欧洲工程师更富有开拓和创新精神，他们认为拱坝应该以拱为主，为了解决梁底拉应力的问题，可以切除梁底受拉区的混凝土而不是加大梁的厚度。1935 年法国坝工专家柯因(A. Coyne)根据这个原则在设计 90m 高的马里奇(Marege)拱坝时，切除了底宽 7m 的坝踵混凝土，出现了第一座既有水平曲率又有垂直曲率的双曲拱坝。而世界上第一座同时具有上游倒悬和下游倒悬的典型的双曲拱坝，是意大利 1939 年建成的奥雪莱塔(Osigletta)拱坝，该坝同时也是第一座周边缝拱坝，坝高 76.8m。

双曲拱坝是公认的一种较优的拱坝体形，20 世纪 50~60 年代，在欧洲得到了很大发展。瑞士建成了近 40 座拱坝，其中包括第一座坝高超过 200m 的双曲拱坝——莫瓦桑(Mauvoisin)拱坝，该坝 1957 年建成时坝高 237m，1991 年加高到了 250m。意大利建成的 100 多座混凝土坝中，拱坝占 50%，其中包括著名的瓦依昂(Vajont)拱坝，坝高 262m，1959 年建成。1963 年库区左岸发生大滑坡，滑坡体体积有 2.7 亿 m^3，形成涌浪翻过大坝，左、右岸漫流水深超过坝顶 100~260m，瓦依昂拱坝经过严重超载后安然无恙，仅左岸坝顶有一段长 9m、高 1.5m 的混凝土略有损坏，充分显示了拱坝具有很高的安全储备功能。法国在此期间也修建了不少拱坝，其中包括第一座失事的双曲薄拱坝马尔帕塞(Malpasset)拱坝。马尔帕塞拱坝坝高 66m，1952 年开工，1954 年建成。1959 年 12 月 2 日，库水位接近坝顶时，大坝突然溃决。马尔帕塞拱坝的失事使得以后的拱坝设计者更为审慎地对待坝基的地质勘探和地基处理[4]。

20 世纪 60 年代以后，美国一些较高的拱坝也普遍采用双曲体形，如 1966 年建成的莫罗波因特(Morrow Point)拱坝，坝高 143m；1968 年建成的莫西罗克(Mossyrock)拱坝，坝高 185m 等。日本和苏联修建的拱坝也越来越多。日本自 1955 年建成第一座高度超过 100m 的上椎叶拱坝后，其他高于 100m 的拱坝基本上都是 60 年代修建的。苏联第一座双曲薄拱坝是 1960 年建设的高度为 69m 的拉扎努尔(Lajanura)拱坝，此后修建的高拱坝大多数是双曲拱坝，其中包括高 272m 的因古里(Inguri)拱坝，大坝 1961 年开工，1980 年建成。

　　20 世纪 70 年代以后，拱坝建设的重心转到了中国。中国具有悠久的修建堤坝和拱桥的历史，修建拱坝的历史相对较短，最早的拱坝是 1927 年建于福建厦门的上里浆砌石拱坝，坝高 27m。中华人民共和国成立后，1950~1970 年是中国修建拱坝的起步阶段，建成坝高 20m 以上的拱约 80 座，其中包括第一座高拱坝——坝高 87.5m 的响洪甸重力拱坝和第一座混凝土双曲拱坝——流溪河拱坝，坝高 78m。1970 年以后，中国的拱坝建设进入高速发展期。到 70 年代末，已建成 30m 以上拱坝 300 余座；到 80 年代末，建成了凤滩、白山、龙羊峡、东江、紧水滩共 5 座百米以上的混凝土拱坝，其中 1989 年建成的坝高 187m 的龙羊峡重力拱坝代表着 20 世纪 80 年代国内的坝工建设水平；1998 年 10 月二滩水电站第一台机组并网发电，标志着我国首座突破 200m 级的大坝——最大坝高 240m 的二滩拱坝正式建成，这是中国拱坝建设的里程碑。根据国际大坝委员会 1999 年的统计资料，全世界已建的坝高超过 30m 的拱坝共 1102 座，其中中国有 517 座，占全球 46.9%。进入 21 世纪后，我国又先后建成了坝高 250m 的拉西瓦双曲拱坝、坝高 285.5m 的溪洛渡双曲拱坝、坝高 294.5m 的小湾拱坝、坝高 305m 的锦屏一级拱坝等一批 300m 量级拱坝。另外还有坝高 289m 的白鹤滩拱坝、坝高 270m 的乌东德拱坝等特高拱坝正在设计、施工中。目前已建成的世界坝高前 10 名的拱坝中，中国的拱坝占了近一半。一系列的成就标志着我国在高拱坝的勘测、设计、施工和科研方面已走向了引领世界发展的新阶段[5,6]。

1.2　拱坝体形的发展

　　早期的拱坝体形比较简单，多为采用等厚度单心圆拱圈的单曲拱坝。随着拱梁分载概念的形成与发展，双曲拱坝成为拱坝的主要形式。为了适应较为复杂的地形、地质条件，20 世纪 50 年代，人们开始了对新的拱圈线型的探索，相继提出三心圆、对数螺旋线、抛物线、椭圆等线型拱圈。最早的三心圆拱坝是葡萄牙的渥迪凯拉(Odeáxere)拱坝，坝高 41m，1958 年建成；目前最高的三心圆拱坝是黑山共和国境内的姆拉丁其(Mratinje)拱坝，最大坝高 220m；我国三心圆拱坝中最高的是坝高 155m 的李家峡拱坝。瑞士的老埃莫森(Vieux Emosson)拱坝是世界上第一座抛物线拱坝，坝高 51m，1955 年建成。抛物线拱坝是现代双曲拱坝中应用得最多的拱坝体形。我国的几座 300m 量级特高拱坝采用的都是抛物线拱圈。第一座椭圆拱坝同样也出现在瑞士，是 1963 年建成的最大坝高 86m 的特莱斯(Les Toules)拱坝，该坝上面大部分坝体是椭圆拱，下部坝体是抛物线拱；此后，瑞士又陆续修建了几座椭圆拱坝，如 1965 年建成的康特拉(Contra)拱坝、1974 年建成的埃莫森(Emosson)拱坝等，其中前者坝高 220m，是目前最高的椭圆拱坝。我国

2003 年建成的江口拱坝也采用了椭圆拱坝[7]。第一座对数螺旋线拱坝是法国的乌格朗斯(Vouglans)拱坝，坝高 130m，建成于 1968 年。我国的拉西瓦拱坝在设计阶段研究了双心圆、三心圆、对数螺旋线、抛物线、椭圆和双曲线 6 种体形，最终选定为对数螺旋线，该坝最大坝高 250m，是最高的对数螺旋线双曲拱坝。非圆弧形拱圈相对于圆拱更加扁平，到拱端处的曲率半径逐渐加大，使拱推力尽可能地指向岩体内部，有利于坝肩稳定。

随着拱坝体形优化设计研究的开展，我国学者又提出了几种新的拱坝体形。1988 年，厉易生[8]提出了一般二次曲线拱坝及其优化模型，该线型是圆弧、抛物线、双曲线、椭圆 4 种线型的一般形式。1994 年，汪树玉等[9]提出了用曲率半径方程描述的拱圈混合线型模型，包含圆弧、抛物线、双曲线、椭圆、对数螺旋线以及介于它们之间的各种线型。基于优化设计方法提出的这两种拱坝体形，使坝体在不同部位采用不同的拱圈线型，体形布置更加灵活，可以更大限度地发挥拱坝体形优化的潜力，经济效益显著。世界第一座混合线型拱坝是 1997 年 6 月建成的奇艺砌石拱坝，坝高 36.5m；第一座混合线型高拱坝是坝高 86.8m 的大奕坑拱坝，于 2000 年 8 月浇筑完成。厉易生[10]从非线性规划的可行域和最优解的关系出发，论证了拱圈线型的优越性排序，认为混合线型优于一般二次曲线，而一般二次曲线又优于椭圆、抛物线等其他单一线型。孙林松和张伟华[11]以拱圈半中心角、拱轴线型值点坐标和拱端厚度为体形参数，构造出了三次样条线型拱圈，建立了以拱圈和拱冠梁体形参数为设计变量的拱坝体形优化设计模型，并将其应用到具体工程算例中，取得了较好的优化效果，显示了三次样条线型拱坝体形的优越性。

1.3　拱坝体形优化设计研究进展

拱坝体形优化设计就是用数学规划方法寻求在给定条件下的坝体最优体形。拱坝的体形是决定拱坝稳定和安全的主要因素之一，因此其优化设计具有很重要的现实意义。20 世纪 60 年代末，R. Sharp 利用数学规划法对拱坝体形进行优化设计，第一次将优化设计理论引入到拱坝设计中。1976 年，朱伯芳院士在我国首先开始了拱坝体形优化设计研究。我国的拱坝优化设计虽然起步晚于国外，但由于研究工作紧密结合工程实际，经过近 40 年的发展，在理论和实践方面均取得了很大进步，目前已处于世界领先地位。世界上第一座采用优化方法设计的混凝土拱坝是 1987 年建成的浙江瑞垟拱坝[12]，最大坝高 54.5m，坝顶弦长 140m，为单心圆双曲拱坝。

常用的拱坝体形优化设计模型以拱坝体形参数为设计变量，以坝体混凝土、基础开挖总费用为目标函数，以安全要求及稳定要求作为约束条件。随着拱坝高度的不断增高，人们更加关心拱坝的安全。孙林松等[13]以最大拉应力为目标函数，建立了基于安全性的拱坝体形优化设计模型；谢能刚等[14]根据实际结构在经济性和安全性等方面的要求，以坝体应变能为目标函数，并以高拱坝的静、动力优化为例，说明了应变能指标的有效性和多目标特征。

随着我国水电建设事业的发展和拱坝技术的提高，单纯以经济性或安全性为目标函数已经不能满足工程需要，厉易生[15]提出了综合考虑安全性和经济性两个目标函数的拱坝双目标优化模型，并在有效解集的基础上论证了最经济模型和最安全模型的互等关系。孙文俊等[16]提出了基于模糊贴近度的拱坝两目标优化设计方法，选取最大拉应力和最小体积作为优化目标，利用线性加权法计算非劣解，并根据模糊贴近度确定拱坝的最优体形。汪树玉等[17]在拱坝体形优化设计时，将坝体体积、应力水平、高应力区深度以及强度失效概率等作为目标函数，采用理想点法求解，得到了比较满意的解答。谢能刚等[18,19]以坝体体积、静力荷载作用下的坝体最大主拉应力和地震荷载作用下的能量为目标函数，并引入模糊数学的概念，构造了多目标优化设计的模糊评价函数。基于多目标优化设计与博弈的相似性，孙林松、谢能刚等[20,21]还研究了基于博弈论的拱坝体形多目标优化设计方法。

拱坝体形优化设计中的约束条件包括几何约束、应力约束和稳定约束。几何约束主要包含变量界限约束、坝厚约束、保凸性约束以及上、下游倒悬度约束等，这些约束反映了坝体的布置、坝顶交通以及施工等方面的要求。应力约束和稳定约束主要反映了运行安全的要求，应力约束主要是要求坝体最大主拉(压)应力不超过允许值；稳定约束是对拱圈中心角、拱端推力角等提出一定的限制，以满足坝体的稳定性要求。随着拱坝高度的不断增加，坝踵开裂几乎不可避免，但拱坝是高次超静定结构，局部开裂并不影响拱坝的正常运行。20世纪末，黄文雄等[22]提出了拱坝开裂约束的概念，并应用到坝体体形优化设计实践中。所谓拱坝开裂约束条件，是指当拱坝坝踵区主拉应力超过坝体材料抗拉强度后，坝踵附近开裂且裂缝向坝体的深度和广度发展，这时要对裂缝的可能发展范围加以限制，以保证大坝安全。孙林松等[23]提出控制裂缝深度不超过容许值，并引入超级有限元为结构分析方法，实现了考虑开裂深度约束的拱坝体形优化设计，并取得了令人满意的效果。考虑到基础岩体变形模量有较大的不确定性，综合变形模量计算值会有一定误差，孙林松和孔德志[24]利用稳健设计的思想，建立了考虑基础变形模量不确定性的拱坝应力稳健可行性约束条件。

拱坝体形优化设计属于非线性规划问题，传统的优化算法，如罚函数法[25]、复合形法[26,27]、序列二次规划法[28,29]、广义缩减梯度法[30]以及约束变尺度法[31]等，在拱坝体形优化设计中均有所运用，并取得了较好的效果。随着数学方法的发展，遗传算法、神经网络等新兴的智能优化计算方法也在拱坝体形优化中得到了运用。如杨海霞[32]将遗传算法用于抛物线双曲拱坝的体形优化设计，并与序列二次规划法进行比较，得出了遗传算法优于序列二次规划法的结论，同时也指出采用遗传算法需要的结构分析次数很多，有必要提高优化的效率，减少结构重分析的次数。孙林松等[33]结合三次样条曲线拱坝体形优化设计，讨论了加速微种群遗传算法在拱坝优化设计中的具体实施方法，证明了加速微种群遗传算法在拱坝体形优化设计中的可行性与有效性。刘德富等[34]采用神经网络方法进行了拱坝体形参数的近似优化，证实了该方法的可行性。徐明毅等[35]在拱坝体形优化中利用人工神经网络整合各种复杂的约束条件，并通过罚函数将约束优化问题转化为无约束优化问题进行求解。近几年，伊朗的部分学者对采用粒子群优化方法进行拱坝体形优化也做了一系列研究[36,37]。

参 考 文 献

[1] International Commission of Large Dams. World register of dams[EB/OL]. http: //www. icold-cigb. org/GB/World_register/general_synthesis. asp[2017-06-28].

[2] James P, Chanson H. Historical development of arch dams: from Roma arch dams to morden concrete designs[J]. Australian Civil Engineering Transactions, 2001, CE43: 39-56.

[3] Chanson H. The 75-Miles dam in Warwick: The world's oldest concrete arch dam[J]. Royal Historical Society of Queensland Journal, 1999, 17(2): 65-75.

[4] 汝乃华, 姜忠胜. 大坝事故与安全: 拱坝[M]. 北京: 中国水利水电出版社, 1995.

[5] 朱伯芳. 中国拱坝建设的成就[J]. 水力发电, 1999, (10): 38-40.

[6] 贾金生. 中国大坝建设 60 年[M]. 北京: 中国水利水电出版社, 2013.

[7] 厉易生, 陈玉夫, 杨波, 等. 江口椭圆拱坝优化设计[J]. 中国水利水电科学研究院学报, 2003, 1(3): 221-225.

[8] 厉易生. 二次曲线拱坝及其体型优化模型[J]. 水利学报, 1988, (7): 29-34.

[9] 汪树玉, 刘国华, 魏文凯, 等. 拱坝非线性全过程分析与混合线形优化[J]. 水力发电, 1996, (9): 19-22.

[10] 厉易生. 拱圈线型优选[J]. 水利学报, 1996, (1): 74-77.

[11] 孙林松, 张伟华. 三次样条线型拱坝体形优化设计[J]. 水利学报, 2008, 39(1): 47-51.

[12] 厉易生, 范修其. 瑞垟拱坝优化设计[J]. 水利水电技术, 1985, (8): 7-12.

[13] 孙林松, 王德信, 裴开国. 以应力为目标的拱坝体型优化设计[J]. 河海大学学报(自然科学版), 2000, 28(1): 57-60.

[14] 谢能刚, 孙林松, 赵雷, 等. 基于应变能的拱坝体型优化设计[J]. 水利学报, 2006, 37(11): 1342-1347.

[15] 厉易生. 双目标优化的有效点集及拱坝双目标优化[J]. 水力发电, 1998, (11): 10-14.

[16] 孙文俊, 孙林松, 王德信, 等. 拱坝体形的两目标优化设计[J]. 河海大学学报(自然科学版), 2000, 28(3): 39-43.

[17] 汪树玉, 刘国华, 杜王盖, 等. 拱坝多目标优化的研究与应用[J]. 水利学报, 2001, 32(10): 48-53.

[18] 谢能刚, 孙林松, 王德信. 静力与动力荷载下高拱坝体型多目标优化设计[J]. 水利学报,

2001, 32(10): 8-11.

[19] 谢能刚, 孙林松, 王德信. 拱坝体型的多目标模糊优化设计[J]. 计算力学学报, 2002, 19(2): 192-194.

[20] 孙林松, 张伟华, 谢能刚. 基于博弈理论的拱坝体形多目标优化设计[J]. 河海大学学报(自然科学版), 2006, 34(4): 392-396.

[21] 谢能刚, 孙林松, 包家汉, 等. 拱坝体型的多目标博弈设计[J]. 固体力学学报, 2007, 28(2): 200-206.

[22] 黄文雄, 王德信, 许庆春. 高拱坝的开裂和体形优化[J]. 水力发电, 1997, (11): 26-29.

[23] 孙林松, 王德信, 孙文俊. 考虑开裂深度约束的拱坝体形优化设计[J]. 水利学报, 1998, (10): 19-23.

[24] 孙林松, 孔德志. 基础变形模量不确定条件下的拱坝体形稳健可行性优化设计. 水利水电科技进展, 2014, 34(1): 61-64.

[25] 娄常青, 孙扬镳. 拱坝多种体型优化[J]. 水力发电学报, 1992, (1): 8-16.

[26] 黎展眉. 双曲拱坝的优化及可视语言的应用[J]. 水力发电学报, 2006, 25(1): 24-29.

[27] Li S Y, Ding L J, Zhao L J, et al. Optimization design of arch dam shape with modified complex method [J]. Advances in Engineering Software, 2009, 40(9): 804-808.

[28] 杨仲侯, 杨海霞, 任青文. 高拱坝应力分析与形状优化设计程序系统[A]//姜弘道, 赵光恒, 向大润, 等. 水工结构工程与岩土工程的现代计算方法及程序[M]. 南京: 河海大学出版社, 1992: 160-173.

[29] Akbari J, Ahmadi M T, Moharrami H. Advances in concrete arch dam shape optimization [J]. Applied Mathematical Modelling, 2011, 35(7): 3316-3333.

[30] 张秀丽, 汪树玉. 拱坝优化及 GRG 法的应用[J]. 水力发电学报, 1989, (3): 20-33.

[31] 刘国华, 汪树玉. 拱坝体形优化设计方法及工程应用[J]. 计算结构力学及其应用, 1999, 11(4): 461-469.

[32] 杨海霞. 基于遗传算法的拱坝优化设计[J]. 水利水运科学研究, 2000, (3): 13-17.

[33] 孙林松, 张伟华, 郭兴文. 基于加速微种群遗传算法的拱坝体形优化设计[J]. 河海大学学报(自然科学版), 2008, 36(6): 758-762.

[34] 刘德富, 李文正, 刘从新. 拱坝近似优化的人工神经网络方法[J]. 武汉水利电力大学学报, 1998, (4): 22-23.

[35] 徐明毅, 陈胜宏, 张勇传. 基于人工神经网络的拱坝混合优化方法[J]. 湖北水力发电, 2004, (1): 18-21.

[36] Seydpoor S M, Salajegheh J, Salajegeh E, et al. Optimal design of arch dams subjected to earthquake loading by a combination of simultaneous perturbation stochastic approximation and particle swarm algorithms [J]. Applied Soft Computing Journal, 2011, 11(1): 39-48.

[37] Seydpoor S M, Salajegheh J, Salajegeh E. Shape optimal design of materially nonlinear arch dams including dam-water-foundation rock interaction using an improved PSO algorithm [J]. Optimization and Engineering, 2012, 13(1): 79-100.

2   拱坝体形优化设计模型与方法

拱坝体形优化设计在国外开始于 20 世纪 60 年代末期。我国从 20 世纪 70 年代中期开始了基于优化技术的拱坝体形设计研究，经过近 40 年的努力，在拱坝体形优化设计领域取得了长足的进步，优化模型更加实用化。本章主要介绍拱坝体形优化设计模型的建立、加速微种群遗传算法以及三次样条线型拱坝的构造与优化设计。

2.1   拱坝体形的几何描述

进行拱坝体形设计就是要确定拱坝的几何形状与尺寸，因此首先要建立拱坝的几何模型。

2.1.1   拱坝几何模型的构造方法

描述拱坝体形的几何模型可分为连续型几何模型和离散型几何模型[1]。由于前者较为实用，易被设计人员接受，所以目前在拱坝体形设计中应用较多。连续型几何模型(图 2.1)可用下面四种方法来构造：

(1)用一个函数描述坝体上游面，另一个函数描述坝体厚度。

(2)用一个函数描述坝体中面，另一个函数描述坝体厚度。

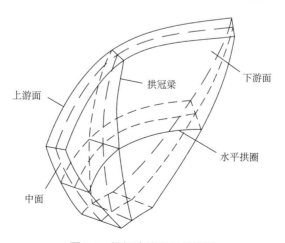

图 2.1   拱坝连续型几何模型

(3)用一个函数描述坝体上游面，另一个函数描述坝体下游面。

(4)用一个函数描述坝体下游面，另一个函数描述坝体厚度。

在工程设计中，前两种方法采用较多，通常是通过对拱冠梁(铅直剖面)和各层水平拱圈的描述来建立拱坝的几何模型。

2.1.2 拱冠梁的几何描述

拱冠梁是全坝中最高的梁。如图 2.2 所示，只要确定了拱冠梁上游面曲线 $y_{cu}(z)$ 和拱冠梁厚度 $T_c(z)$，就可以得到拱冠梁下游面曲线 $y_{cd}(z)$，从而确定了拱冠梁的断面形状。

通常将上游面曲线方程 $y_{cu}(z)$ 假设为 z 坐标的多项式，即

$$y_{cu}(z) = a_0 + a_1 z + a_2 z^2 + \cdots + a_n z^n \tag{2.1}$$

式中，当 $n=1$，即拱冠梁上游面为一直线，则拱坝称为单曲拱坝；当 $n>1$，拱坝称为双曲拱坝。

拱冠梁厚度一般也设为 z 坐标的多项式形式，即

$$T_c(z) = b_0 + b_1 z + b_2 z^2 + \cdots + b_n z^n \tag{2.2}$$

这样，拱冠梁下游面方程为

$$y_{cd}(z) = y_{cu}(z) + T_c(z) \tag{2.3}$$

上、下游倒悬度 K_u、K_d 可分别表示为

$$K_u = y'_{cu}(H) = a_1 + 2a_2 H + \cdots + n a_n z^{n-1} \tag{2.4}$$

$$K_d = y'_{cd}(0) = y'_{cu}(0) + T'_c(0) = a_1 + b_1 \tag{2.5}$$

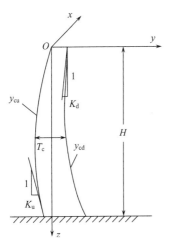

图 2.2 拱冠梁

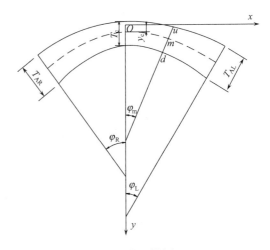

图 2.3 水平拱圈

2.1.3 水平拱圈的几何描述

确定水平拱圈的几何模型也就是确定其上、下游面的曲线方程。如图 2.3 所示，我们可利用拱轴线方程和拱圈厚度来描述拱圈上、下游方程。以左半拱为例，设拱轴线上任一点 $m(x,y)$ 处的法线与上、下游面的交点为 $u(x_u,y_u)$ 和 $d(x_d,y_d)$，则

$$\begin{cases} x_u = x + 0.5T \sin\varphi \\ y_u = y - 0.5T \cos\varphi \end{cases} \tag{2.6}$$

$$\begin{cases} x_d = x - 0.5T \sin\varphi \\ y_d = y + 0.5T \cos\varphi \end{cases} \tag{2.7}$$

式中，φ 为 m 点处拱轴线法线与 y 轴的夹角；T 为 m 点处的拱圈厚度。

一般可假设拱圈厚度按下式计算

$$T = T_c + (T_L - T_c)\left(\frac{S}{S_L}\right)^\alpha \tag{2.8}$$

式中，α 为给定正实数，一般可取 $\alpha=1.7\sim2.2$；S 和 S_L 分别为拱轴线从拱冠处至 m 点与拱端的弧长；T_L 和 T_c 分别为拱端厚度和拱冠厚度。

选择不同的拱轴线方程便形成了各种不同形式的水平拱圈。随着拱坝设计水平的提高和研究的深入，拱圈线型也趋于多样化，下面仍然以左半拱为例分别说明各种水平拱圈的几何描述。

(1) 三心圆拱圈，如图 2.4 所示。

拱轴线方程：

$$\begin{cases} x = R_0 \sin\varphi \\ y = y_c + R_0(1 - \cos\varphi) \end{cases}, \qquad \varphi \leqslant \varphi_0 \tag{2.9a}$$

$$\begin{cases} x = R \sin\varphi - (R - R_0)\sin\varphi_0 \\ y = y_c + R_0 + (R - R_0)\cos\varphi_0 - R\cos\varphi \end{cases}, \qquad \varphi \leqslant \varphi_0 \tag{2.9b}$$

拱冠曲率半径：

$$R_c = R_0 \tag{2.10}$$

式中，R_0、φ_0 分别为中圆的半径和半中心角；R 为侧圆的半径；y_c 为拱轴线在拱冠处的 y 坐标。

(2) 对数螺旋线拱圈，如图 2.5 所示。

拱轴线方程：

$$\begin{cases} x = a[\mathrm{e}^{K\phi}\sin(\phi + \varphi) - \sin\theta] \\ y = y_c + a[\cos\theta - \mathrm{e}^{K\phi}\cos(\phi + \theta)] \end{cases} \tag{2.11}$$

拱冠曲率半径：

$$R_c = a\sqrt{1 + K^2} \tag{2.12}$$

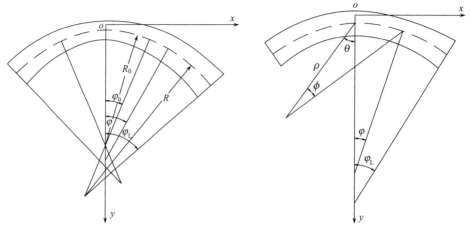

图 2.4　三心圆拱圈　　　　　　　　　图 2.5　对数螺旋线拱圈

式中，a 为长度参数；K 为指数参数；$\theta=\arctan K$ 为拱轴线上任一点法线与极半径的夹角；ϕ 为极角，可以证明 $\phi=\varphi$（φ 为拱轴线上任一点的法线与 y 轴的夹角）。

(3)抛物线拱圈，如图 2.6 所示。

拱轴线方程：

$$\begin{cases} x = R_c \tan \varphi \\ y = y_c + \dfrac{x^2}{2R_c} \end{cases} \tag{2.13}$$

式中，R_c 为拱冠曲率半径。

(4)双曲线拱圈，如图 2.7 所示。

拱轴线方程：

$$\begin{cases} x = \dfrac{b \tan \varphi}{\sqrt{\xi^2 - \tan^2 \varphi}} \\ y = y_c + a\left[\sqrt{1+\left(\dfrac{x}{b}\right)^2} - 1\right] \end{cases} \tag{2.14}$$

拱冠曲率半径：

$$R_c = \frac{b}{\xi} \tag{2.15}$$

式中，a、b 分别为实半轴长度和虚半轴长度；$\xi=\dfrac{a}{b}$。

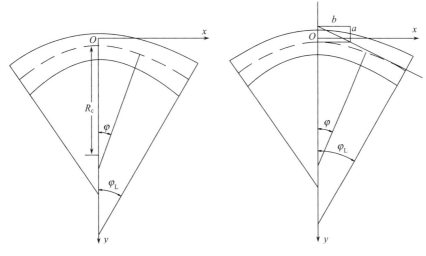

图 2.6　抛物线拱圈　　　　　　　　　　图 2.7　双曲线拱圈

（5）椭圆拱圈，如图 2.8 所示。

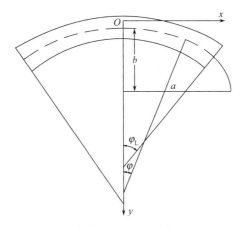

图 2.8　椭圆拱圈

拱轴线方程：

$$\begin{cases} x = \dfrac{a\tan\varphi}{\sqrt{\xi^2 + \tan^2\varphi}} \\[4mm] y = y_c + b\left[1 - \sqrt{1 - \left(\dfrac{x}{a}\right)^2}\right] \end{cases} \tag{2.16}$$

拱冠曲率半径：

$$R_c = \frac{a}{\xi} \tag{2.17}$$

式中，a、b 分别为与 x 轴平行和垂直的椭圆半轴长度；$\xi = \dfrac{b}{a}$ 为两半轴之比；当 $a>b$ 时，即 $\xi<1$，为长椭圆；当 $a<b$ 时，即 $\xi>1$，为扁椭圆。

（6）一般二次曲线拱圈。

拱轴线方程：

$$x^2 = a(y-y_c)^2 + b(y-y_c), \qquad b>0, \quad y>y_c \tag{2.18}$$

拱冠曲率半径：

$$R_c = \frac{b}{2} \tag{2.19}$$

式中，a 为量纲一系数；b 的量纲是长度。当 $a=0$ 时，式(2.18)是抛物线方程；当 $a>0$ 时，式(2.18)为双曲线方程；当 $a<0$ 时，式(2.18)为椭圆方程($-1<a<0$ 时为长椭圆，$a<-1$ 时为扁椭圆)；当 $a=-1$ 时式(2.18)为圆。

若同样以拱轴线上任一点的法线与 y 轴的夹角 φ 为参数，式(2.18)可写为

$$\begin{cases} x = \dfrac{b\tan\varphi}{2\sqrt{1-a\tan^2\varphi}} \\[4mm] y = \begin{cases} y_c + \dfrac{(-b+\sqrt{b^2+4ax^2})}{2a}, & a \neq 0 \\[4mm] y_c + \dfrac{x^2}{b}, & a = 0 \end{cases} \end{cases} \tag{2.20}$$

2.2　拱坝体形优化设计数学模型

本节从最优化问题的三个基本要素，即设计变量、目标函数和约束条件出发，建立拱坝体形优化设计的数学模型。

2.2.1　设计变量

拱坝体形优化中的设计变量首先要能确定拱坝的几何形状，同时还应便于设计人员作直观的判断。如前所述，拱坝体形通常从拱冠梁和拱圈两个方面描述。对拱冠梁剖面可用上游面曲线 y_{cu} 与拱冠梁厚度 T_c 两个设计参数描述。就拱圈而言，不同的拱圈线型所需要的拱圈形状参数也不同。对抛物线拱圈可采用左、右拱轴线在拱冠处的曲率半径 R_{cL}、R_{cR} 和左右拱端厚度 T_{AL}、T_{AR} 为设计参数。这些设计参数均沿铅直坐标 z 变化，一般可假设其为 z 坐标的三次多项式，即

$$f(z) = a_0 + a_1 z + a_2 z^2 + a_3 z^3 \qquad (2.21)$$

式中，f 为上述设计参数；a_0、a_1、a_2 和 a_3 为待定系数。设四个控制高程($z=z_1, z_2, z_3, z_4$)处的设计参数为 $f_1 = f(z_1)$、$f_2 = f(z_2)$、$f_3 = f(z_3)$ 和 $f_4 = f(z_4)$，代入式(2.21)后可得

$$\begin{bmatrix} 1 & z_1 & z_1^2 & z_1^3 \\ 1 & z_2 & z_2^2 & z_2^3 \\ 1 & z_3 & z_3^2 & z_3^3 \\ 1 & z_4 & z_4^2 & z_4^3 \end{bmatrix} \begin{bmatrix} a_0 \\ a_1 \\ a_2 \\ a_3 \end{bmatrix} = \begin{bmatrix} f_1 \\ f_2 \\ f_3 \\ f_4 \end{bmatrix} \qquad (2.22)$$

由式(2.22)解出 a_0、a_1、a_2 和 a_3，则设计参数 f 即可由式(2.21)确定。所以，可以取 4 个控制高程处的体形设计参数为设计变量。对抛物线双曲拱坝，设计变量数目为 24。

2.2.2　目标函数

目标函数是衡量不同设计方案优劣的指标。在拱坝体形优化中，一般以拱坝的造价为目标函数，可表示为

$$f(X) = c_1 V_1(X) + c_2 V(X) \qquad (2.23)$$

式中，$V_1(X)$、$V_2(X)$ 分别为坝体混凝土体积和基岩开挖体积，两者都是设计变量 X 的函数；c_1、c_2 分别为混凝土和基岩开挖的单价。

基岩开挖量与坝址的地形、地质情况有关，当坝址确定后，进行拱坝体形优化设计时一般用拱端厚度来控制基岩开挖量，因此常取大坝的体积为目标函数。

2.2.3　约束条件

一般情况下，拱坝体形优化设计的约束条件可分为几何约束、应力约束和稳定约束等，它们应能全面满足设计规范的规定以及其他施工要求。对于具体工程有时还要考虑一些特殊要求引入其他约束条件。

1. 几何约束

几何约束比较简单，通常是显式约束，主要包括：

1) 坝体厚度约束

一方面考虑到坝顶交通、布置等方面的要求，应规定坝顶最小厚度；另一方面为了便于施工，控制开挖量对最大坝厚也要加以限制，写成约束条件为

$$g_1(X) = T_{\min} - T \leqslant 0 \qquad (2.24)$$

$$g_2(X) = T - T_{\max} \leqslant 0 \qquad (2.25)$$

2) 倒悬度约束

为了便于立模施工，坝体表面倒悬度应加以限制，即

$$g_3(\boldsymbol{X}) = K_u - [K_u] \leqslant 0 \tag{2.26}$$

$$g_4(\boldsymbol{X}) = K_d - [K_d] \leqslant 0 \tag{2.27}$$

式中，$[K_u]$、$[K_d]$分别为上、下游倒悬度允许值，一般取$[K_u]=0.3$，$[K_d]=0.25$。

3) 保凸约束

对每一悬臂梁的上、下游面还应满足保凸条件，即

$$g_5(\boldsymbol{X}) = -\frac{\partial^2 y}{\partial z^2} \leqslant 0 \tag{2.28}$$

在实际计算时，式(2.28)可用差分表示。

2. 应力约束

在规范规定的各种荷载作用下，坝体主应力应满足下列要求：

$$g_6(\boldsymbol{X}) = \sigma_1 - [\sigma_1] \leqslant 0 \tag{2.29}$$

$$g_7(\boldsymbol{X}) = [\sigma_3] - \sigma_3 \leqslant 0 \tag{2.30}$$

式中，σ_1、σ_3分别为主拉应力和主压应力；$[\sigma_1]$、$[\sigma_3]$分别为相应的允许值。

为保证施工期安全，对独立坝块在自重作用下产生的拉应力σ_t应满足

$$g_8(\boldsymbol{X}) = \sigma_t - [\sigma_t] \leqslant 0 \tag{2.31}$$

式中，$[\sigma_t]$为施工期浇筑层面上的允许拉应力，一般取 0.3~0.5MPa。

3. 稳定约束

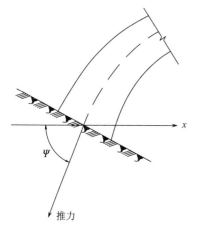

图 2.9　拱端推力角

拱坝坝肩抗滑稳定性约束有以下三种表示方式，可根据工程的具体情况选用其中一种。

1) 抗滑稳定系数约束

$$g_9(\boldsymbol{X}) = [K] - K \leqslant 0 \tag{2.32}$$

式中，K为抗滑稳定系数，用三维刚体极限平衡法计算；$[K]$为允许最小值。

2) 拱端推力角约束

$$g_{10}(\boldsymbol{X}) = \psi - [\psi] \leqslant 0 \tag{2.33}$$

式中，ψ为拱端推力角，如图 2.9 所示；$[\psi]$为允许最大值。

3）拱圈中心角约束

$$g_{11}(\boldsymbol{X}) = \phi - [\phi] \leqslant 0 \tag{2.34}$$

式中，$\phi = \varphi_\mathrm{L} + \varphi_\mathrm{R}$ 为拱圈中心角；$[\phi]$ 为允许最大值。

2.2.4　数学模型及求解

综合以上分析，拱坝体形优化的数学模型可表示为

$$\begin{cases} 求设计变量 & \boldsymbol{X} = [x_1, x_2, \cdots, x_n]^\mathrm{T} \\ 使目标函数 & F(\boldsymbol{X}) \to \min \\ 满足约束 & g_j(\boldsymbol{X}) \leqslant 0, \quad (j = 1, 2, \cdots, m) \end{cases} \tag{2.35}$$

式中，n 为设计变量个数；m 为约束条件个数。

式(2.35)中的目标函数和大部分约束条件都是设计变量的非线性函数，所以拱坝体形优化是一个非线性规划问题，目前常用的主要有复形法、罚函数法、序列线性规划法和序列二次规划法等[2]。

1）复形法

复形法的基本思想是在 n 维设计空间中形成以 $K > n+1$ 个可行点为顶点构成的多面体(即复形)，然后比较复形各个顶点的目标函数值，不断丢掉最坏点，代之以既满足约束条件又使目标函数有所改善的新点；反复迭代，逐步走向最优点。

2）罚函数法

罚函数法的基本思想是通过将约束条件转化为某种罚函数加到目标函数中去，从而将约束优化问题转化为一系列无约束优化问题来求解。式(2.35)转化后的无约束优化问题为

$$\min H(\boldsymbol{X}, \gamma_k) = F(\boldsymbol{X}) - \gamma_k \sum_{j=1}^{m} \frac{1}{g_j(\boldsymbol{X})} \tag{2.36}$$

或

$$\min H(\boldsymbol{X}, \gamma_k) = F(\boldsymbol{X}) - \gamma_k \sum_{j=1}^{m} \ln[-g_j(\boldsymbol{X})] \tag{2.37}$$

式中，罚因子 γ_k 随着迭代次数的增加逐步减小，且 $\lim\limits_{k \to \infty} \gamma_k = 0$。

3）序列线性规划法

序列线性规划法的基本思想是用一系列线性规划的解来逼近非线性规划式

(2.35)的解。将目标函数和约束函数在给定点 $\boldsymbol{X}^k$ 处作泰勒展开并略去二阶以上的项，得线性规划问题

$$\begin{cases} \min\ \Psi(\boldsymbol{X}) = F(\boldsymbol{X}^k) + \nabla_x^{\mathrm{T}} F(\boldsymbol{X}^k)(\boldsymbol{X} - \boldsymbol{X}^k) \\ \text{s.t.}\quad g_j(\boldsymbol{X}^k) + \nabla_x^{\mathrm{T}} g_j(\boldsymbol{X}^k)(\boldsymbol{X} - \boldsymbol{X}^k) \leqslant 0, \qquad (j = 1, 2, \cdots, m) \end{cases} \tag{2.38}$$

解上述线性规划问题，得最优解 $\boldsymbol{X}^{k+1}$，再在 $\boldsymbol{X}^{k+1}$ 处作泰勒展开得到一个新的线性规划问题。如此不断迭代，直至前后两次的最优解充分接近为止。

4）序列二次规划法

序列二次规划法的基本思想是在每一个迭代步通过求解一个二次规划问题来确立一个下降方向，以减少价值函数来确定步长，重复这些步骤直到求得原问题的解。与式(2.35)的优化问题相对应的二次规划问题为

$$\begin{cases} \min\ \Psi(\boldsymbol{X}) = \dfrac{1}{2}\boldsymbol{d}^{\mathrm{T}}\boldsymbol{W}_k\boldsymbol{d} + \nabla_x^{\mathrm{T}} F(\boldsymbol{X}^k)\boldsymbol{d} \\ \text{s.t.}\quad g_j(\boldsymbol{X}^k) + \nabla_x^{\mathrm{T}} g_j(\boldsymbol{X}^k)(\boldsymbol{X} - \boldsymbol{X}^k) \leqslant 0, \quad (j = 1, 2, \cdots, m) \end{cases} \tag{2.39}$$

式中，$\boldsymbol{W}_k$ 为拉格朗日函数 $L(\boldsymbol{X}, \boldsymbol{\lambda}) = F(\boldsymbol{X}) - \sum\limits_{j=1}^{m} \lambda_j g_j(\boldsymbol{X})$ 在迭代点 $(\boldsymbol{X}^k, \boldsymbol{\lambda}^k)$ 的 Hesse 矩阵，即 $\boldsymbol{W}_k = \nabla_{XX}^2 L(\boldsymbol{X}^k, \boldsymbol{\lambda}^k)$。

解上述二次规划问题得到搜索方向 $\boldsymbol{d}^k$ 及新的拉格朗日乘子 $\boldsymbol{\lambda}^{k+1}$，然后计算 $\boldsymbol{X}^{k+1} = \boldsymbol{X}^k + \alpha^k \boldsymbol{d}^k$，这里步长 α^k 根据使式(2.40)所示罚函数 $P(\boldsymbol{X}, \sigma)$ 极小的条件确定。

$$P(\boldsymbol{X}, \sigma) = F(\boldsymbol{X}) + \frac{1}{\sigma} \sum_{j=1}^{m} \langle g_j(\boldsymbol{X}) \rangle \tag{2.40}$$

式中，罚参数 $\sigma > 0$，$\langle g_j(\boldsymbol{X}) \rangle = \max\{0, g_j(\boldsymbol{X})\}$。

为了避免计算拉格朗日函数的 Hesse 矩阵，可用一个对称正定矩阵 $\boldsymbol{B}_k$ 代替式(2.39)中的 $\boldsymbol{W}_k$，在迭代过程中用拟牛顿法对近似矩阵 $\boldsymbol{B}_k$ 进行修正。

关于上述优化方法的详细叙述，可参见相关专著，如文献[1]、文献[3]。

2.3　结构优化的加速微种群遗传算法

2.3.1　遗传算法的基本组成

遗传算法是在达尔文"适者生存"和遗传变异等生物进化机制的基础上提出的一种全局优化方法。这种方法将问题的求解表示成个体的适者生存过程，通过种群的一代代进化，包括选择、交叉、变异等遗传操作，优胜劣汰，将适应度高

的个体遗传到下一代,经过若干代的进化寻得最优解[4]。基本遗传算法的一般流程如图 2.10 所示。

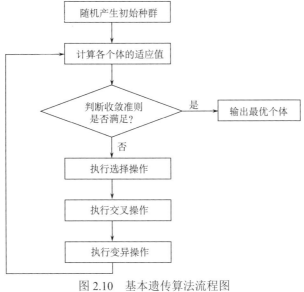

图 2.10　基本遗传算法流程图

遗传算法的实施需要解决解的编码、适应值函数以及遗传算子等几个方面的内容。

1) 编码方案

将所求解问题的解编码表示为染色体是遗传算法的一个重要步骤,不同的问题可使用相应的编码表示方案,常用的编码方法有二进制编码、浮点数编码、符号编码方法等。对于函数优化问题,浮点数编码是最有效的编码方式,将 n 维设计空间中的解向量 $\boldsymbol{X} = [x_1, x_2, \cdots, x_n]^{\mathrm{T}}$ 用由变量 x_1, x_2, $\cdots$, x_n 所组成的浮点数串 $\boldsymbol{X} = x_1 x_2 \cdots x_n$ 来表示,把每一个变量 x_i 视为一个遗传基因,于是 $\boldsymbol{X}$ 可以看作是由 n 个遗传基因组成的一个染色体,染色体也可称作为个体。

2) 适应值函数

适应值函数是度量个体适应度的函数,是用来区分群体中个体好坏的标准,可以用目标函数的简单变形来表示。一般情况下,遗传算法中认为个体的适应度越大越优秀,设 $f(\boldsymbol{X})$ 为最优化问题的目标函数,对于求最大值问题,适应值函数可取为 $F(\boldsymbol{X}) = f(\boldsymbol{X})$;对于求最小值问题,适应值函数可取为 $F(\boldsymbol{X}) = -f(\boldsymbol{X})$。

3) 遗传算子

遗传算法是模拟自然界生物进化过程与机理的一种搜索最优解的方法,主要包括选择、交叉、变异等遗传操作。

选择操作(或复制操作)是为了避免有效基因的损失,使高性能的个体能以更大的概率生存,从而提高全局的收敛性和计算效率。常用的选择策略有基于比例的轮盘赌式选择策略以及基于排名的锦标赛选择策略和最优个体保存策略等。轮盘赌式选择策略首先根据个体的适应值函数计算其相应的相对适应度,然后将轮盘划分为若干个扇形区域,每个区域代表不同的个体的适应度,区域越大则个体的适应度越大,它被选中的概率也就越大。锦标赛选择策略从群体中随机选取 k 个个体进行适应度大小的比较,将适应度最高的个体遗传到下一代群体中,重复此过程 M 次,就可得到下一代群体中的 M 个个体。在最优个体保存策略中,迄今为止的适应度最高的个体不参与交叉、变异等运算,而是用来替换掉本代群体中适应度最低的个体。该策略保证了每代都有最好的个体,增强了算法的收敛性,但使算法的全局搜索能力降低。

遗传算法中的交叉(杂交)操作,是指对两个相互配对的染色体按某种方式相互交换其部分基因,从而形成两个新的个体。常用的交叉算子有单点交叉、双点交叉和算术交叉等。

单点交叉又称简单交叉,是最常用和最基本的交叉操作算子,它是指在个体编码串中只随机设置一个交叉点,然后相互交换两个配对个体在交叉点后的基因,生成两个新的个体。令双亲为 $\boldsymbol{x}=[x_1,x_2,\cdots,x_n]$ 和 $\boldsymbol{y}=[y_1,y_2,\cdots,y_n]$,在随机的第 k 位交叉,生成的后代为

$$\boldsymbol{x}'=[x_1,x_2,\cdots,x_k,y_{k+1},y_{k+2},\cdots,y_n]$$

和

$$\boldsymbol{y}'=[y_1,y_2,\cdots,y_k,x_{k+1},x_{k+2},\cdots,x_n]。$$

双点交叉是指在个体编码串中随机设置两个交叉点,然后将配对个体在两个交叉点之间的基因进行交换,形成新个体。令双亲为 $\boldsymbol{x}=[x_1,x_2,\cdots,x_n]$ 和 $\boldsymbol{y}=[y_1,y_2,\cdots,y_n]$,两个随机的交叉点在第 k 位和第 m 位,设 $m>k$,生成的后代为

$$\boldsymbol{x}'=[x_1,x_2,\cdots,x_k,y_{k+1},y_{k+2},\cdots,y_{m-1},x_m,x_{m+1},\cdots,x_n]$$

和

$$\boldsymbol{y}'=[y_1,y_2,\cdots,y_k,x_{k+1},x_{k+2},\cdots,x_{m-1},y_m,y_{m+1},\cdots,y_n]。$$

对于浮点数编码,可采用算术交叉,由两个个体的线性组合而产生出两个新的个体。假设在两个个体 $\boldsymbol{X}_A^t$、$\boldsymbol{X}_B^t$ 之间进行算术交叉,则交叉运算后所产生的两个新个体是

$$\begin{cases} \boldsymbol{X}_A^{t+1}=\alpha\boldsymbol{X}_B^t+(1-\alpha)\boldsymbol{X}_A^t \\ \boldsymbol{X}_B^{t+1}=\alpha\boldsymbol{X}_A^t+(1-\alpha)\boldsymbol{X}_B^t \end{cases} \tag{2.41}$$

式中，α 为一参数，它可以是一个常数，此时所进行的交叉运算称为均匀算术交叉；它也可以是一个变量，相应的交叉运算则称为非均匀算术交叉。

变异操作将个体染色体编码串中的某些基因座上的基因值用该基因座的其他等位基因来替换，从而形成一个新的个体。使用变异算子能够改善遗传算法的局部搜索能力，并能维持群体的多样性，防止出现早熟现象。二进制编码中常采用替换式变异，即用另一种基因替换变异点的原有基因；实数编码中常采用扰动使变异，即对原有基因值作一随机扰动，以扰动后的结果作为变异后的新基因值。

4) 终止准则

遗传算法通过多次迭代运算逐渐逼近最优解，而不是刚好得到最优解，因此需要确定算法的终止准则。规定迭代的最大数目是一种比较常用的终止条件；还有一种方法是检查个体适应值的变化情况，如果最优个体的适应值没有变化或变化很小时，就可终止算法的运行。

2.3.2 加速微种群遗传算法

遗传算法只利用适应值函数，而不需要导数等其他信息，因而具有广泛的应用范围，适用于求解各类问题，但其收敛速度常常较慢。为了提高遗传算法的效率，人们通过把遗传算法与基于梯度的优化方法相结合提出了不少杂交算法[5,6]，这类方法用遗传算法进行全局搜索，而用梯度类算法进行局部寻优，通常具有较好的性能，但梯度类算法的应用也限制了这类杂交算法的适用范围。1989 年，Krishnakumar[7]提出了一种微种群遗传算法，该算法采用很小的种群规模，按照常规遗传算法的操作，经过几代进化后种群收敛，然后随机生成新的种群并在其中保留前面收敛后的最优个体，重新进行遗传操作。与简单遗传算法相比，微种群遗传算法可以避免早熟收敛并且能够较快地收敛到最优解。本文在此基础上又提出了一种加速微种群遗传算法，进一步提高了计算效率。

1. 微种群遗传算法

微种群遗传算法(micro-genetic algorithm)跟普通遗传算法之间的最大区别在于其种群规模(一般取 5 个个体)远小于普通遗传算法，因此其收敛速度比普通遗传算法要快得多。

微种群遗传算法的基本步骤与普通遗传算法有所不同，具体过程如下：

(1)变量采用二进制编码或实数编码表示，适应值函数则根据目标函数来建立。

(2)随机生成含有 5 个或 4 个个体加上上一代最佳个体的初始种群。

(3)计算每个个体的适应值，适应值最大的个体可直接作为下一代的父个体，采用这种选择策略可以保证每代中的优秀个体的遗传信息能够顺利地传递下去，这是该方法与普通遗传算法操作过程的不同点之一。

(4) 采用锦标赛选择策略对其余 4 个个体进行复制操作,然后再进行均匀杂交运算,产生下一代的 4 个父个体。

(5) 判断这新产生的 4 个父个体与先前的最大适应值个体的基因差异率是否小于 5%,若满足条件,则转至步骤(2);若不满足条件,则转至步骤(3)。

(6) 反复执行上述步骤,直至满足算法的终止条件,选择具有最大适应值的个体作为微种群遗传算法的结果。

2. 加速微种群遗传算法的构成[8]

加速微种群遗传算法对当前种群利用 Aitken Δ^2 加速策略[9]进行修正,对产生的子代采用基于启发式模式移动(heuristic pattern move)的局部寻优方法[10]进行改进,从而加快了算法的收敛速度。

Aitken Δ^2 加速策略在加速序列收敛性方面具有很好的性能。它利用相邻的三个点 b_1, b_2 和 b_3 按式(2.42)构造一个新点 b_m 来加速序列的收敛。

$$b_m = b_1 - \frac{(b_2 - b_1)^2}{b_3 - 2b_2 + b_1} \tag{2.42}$$

在本书算法中,b_1, b_2 和 b_3 是进化过程中前几代依次获得的三个最优个体。由式(2.42)得到的个体 b_m 如优于当前代中的最差个体,则用 b_m 替换最差个体改进当前种群。

基于模式移动的局部寻优方法利用两个较优个体通过外推和内插构造新的个体,本书用它来改进当前子代群体,具体过程如下:

(1) 选择当前子群中的最优个体 c_1 和次优个体 c_2,按式(2.43)构造移动模式

$$d = c_1 - c_2 \tag{2.43}$$

(2) 生成 3 个新的个体

$$c_1' = c_1 + \alpha d \tag{2.44a}$$
$$c_2' = c_2 + \beta d \tag{2.44b}$$
$$c_3' = c_2 - \gamma d \tag{2.44c}$$

式中,α,β 和 γ 为 3 个控制参数,可分别取 0.3、0.5 和 0.3。

(3) 在 3 个新个体中选择最优个体 c_m

$$f(c_m) = \max\{f(c_1'), f(c_2'), f(c_3')\}, \quad c_m \in \{c_1', c_2', c_3'\}, \tag{2.45}$$

(4) 如 c_m 优于当前子代中的最差个体,则用 c_m 代替该最差个体。

将 Aitken Δ^2 加速策略和基于模式移动的局部寻优方法与传统的微种群遗传算法相结合就构成了本书提出的加速微种群遗传算法。具体步骤如下:

(1) 运算过程初始化,主要包括:① 选择种群规模 $N_{popsize}$、交叉概率 p_c 以及

局部寻优参数 α、β 和 γ；② 置进化代数 i_g=1，加速指标 i_a=1；③ 随机生成初始种群 $P(i_g)$；④ 对各个体按适应值进行评价，选择最优个体置为 $b(i_a)$。

（2）检查终止准则，如满足，优化结束；否则，选择最优个体并检查是否等于 $b(i_a)$，如不等，则置最优个体为 $b(i_a+1)$，i_a= i_a+1。

（3）检查是否满足 i_a=3，如满足，则按式(2.42)进行加速，生成新个体 b_m，并令 $b(1)$=$b(3)$，i_a=1；然后检查 b_m 是否优于当前种群 $P(i_g)$ 中的最差个体，如优于，则用 b_m 取代最差个体。

（4）利用选择、交叉、最优个体保留等遗传操作生成子代 $C(i_g)$。

（5）利用基于模式移动的局部寻优方法对 $C(i_g)$ 进行改进。

（6）检查 $C(i_g)$ 是否收敛，如是，则利用重启动方法生成新的 $C(i_g)$。

（7）令 $P(i_g+1)$=$C(i_g)$，i_g= i_g+1，返回(2)。

3. 算法性能测试

1）数值优化

选择两个典型的函数 f_1、f_2 来检验本书算法的收敛性。

$$f_1 = \prod_{i=1}^{2} \sin^{80}(5.1\pi x_i + 0.5) \times e^{-4\ln 2 \times (x_i - 0.0667)^2 / 0.64}, \qquad (0 \leqslant x_i \leqslant 1) \qquad (2.46)$$

$$f_2 = 0.5 + \frac{\sin\sqrt{x_1^2 + x_2^2} - 0.5}{[1.0 + 0.001(x_1^2 + x_2^2)]^2}, \qquad (-100 \leqslant x_1, x_2 \leqslant 100) \qquad (2.47)$$

这两个函数都是多模态函数。f_1 有 25 个局部最优点，在 $x_1 = x_2 \approx 0.066832$ 处达到全局最优 $f_{1\max} \approx 1.0$。f_2 关于坐标原点对称，在距离坐标原点约 1.567662 处达到全局最优 $f_{2\max} \approx 0.997547$，越接近全局最优点 f_2 的函数值变化越剧烈。图 2.11、图 2.12 分别给出了函数 f_1 和 f_2 的图像。

本书计算中，种群规模数为 5，采用实数编码，竞争选择，一致算术杂交，杂交概率 0.5。表 2.1 给出了不同算法达到全局最优解(精度±0.001)所需要的目标函数计算次数。其中，n_a、n_h 和 n_m 分别为采用 Aitken Δ^2 加速策略和局部寻优的加速微种群遗传算法(A-hGA)、只采用局部寻优的杂交微种群遗传算法(hGA)和常规微种群遗传算法(micro-GA)所需的目标函数计算次数。可以看出，A-hGA 和 hGA 所需的目标函数计算次数只有 micro-GA 的 5.4%~11.9%和 19.9%~26.4%，说明本书算法具有较高的计算效率，图 2.13、图 2.14 给出的收敛过程也说明本书算法收敛速度较快。

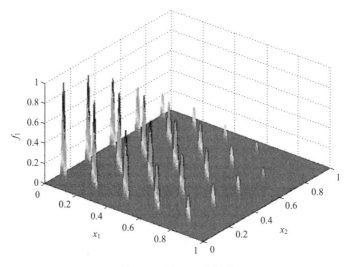

图 2.11　函数 f_1 的图像

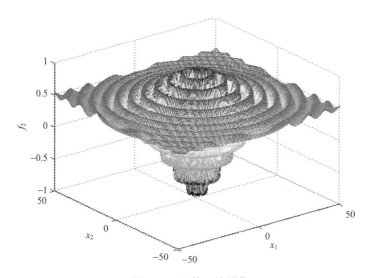

图 2.12　函数 f_2 的图像

表 2.1　收敛所需函数计算次数比较

函数	n_a	n_h	n_m	$(n_a/n_m)/\%$	$(n_h/n_m)/\%$
f_1	815	3960	15020	5.4	26.4
f_2	1317	2200	11045	11.9	19.9

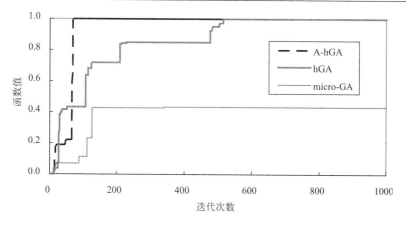

图 2.13　不同算法 f_1 收敛过程

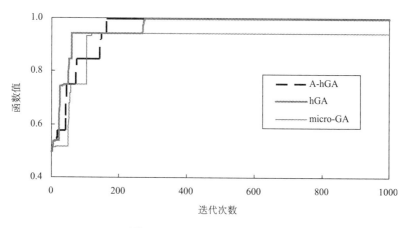

图 2.14　不同算法 f_2 收敛过程

2) 桁架结构优化

以截面尺寸为设计变量的桁架结构优化问题可表示为

$$\begin{cases} \min & W = F(\boldsymbol{x}) \\ \text{s.t.} & g_i(\boldsymbol{x}) \leqslant 0, \ i = 1, 2, \cdots, n \end{cases} \tag{2.48}$$

式中，设计变量 $\boldsymbol{x}$ 取各单元的横截面积；目标函数为结构重量，可表示为 $F(\boldsymbol{x}) = \sum\limits_{i=1}^{NE} \rho A_i l_i$，其中 A_i 和 l_i 分别为第 i 根杆件的横截面积和长度，ρ 为材料的密度，NE 为杆件数量；约束条件通常包括应力约束和位移约束两个方面，可表示为

$$\left| \frac{\sigma_i}{[\sigma]} \right| - 1 \leqslant 0, \qquad \left| \frac{u_j}{[u]} \right| - 1 \leqslant 0 \tag{2.49}$$

式中，σ_i 是第 i 个单元的应力；$[\sigma]$ 是单元的容许应力值；u_j 是第 j 个节点的位移；$[u]$ 是容许位移值。

图 2.15 所示 10 杆平面桁架优化是结构优化设计中的经典考题。桁架在 2、4 节点受集中荷载 $P=10^5$ lb[①]作用，以杆件横截面积为设计变量，求其最小重量。已知材料密度 $\rho=0.1$ lb/in³ [②]，弹性模量 $E=10^7$ lb/in²，所有杆件的拉压容许应力均为 $\sigma=25000$ lb/in²，可动节点 y 方向位移不超过 2.0 in，各杆件横截面积取值范围为 0.1～35 in²。

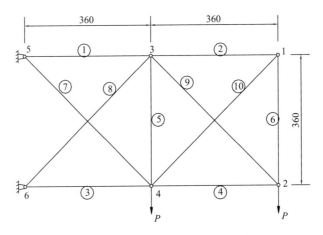

图 2.15　10 杆平面桁架（单位：in）

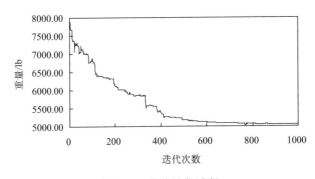

图 2.16　优化迭代过程

本书计算中，种群规模数为 5，杂交概率 0.5，最大迭代次数 1000。表 2.2 给出了本书算法优化结果的设计变量与目标函数及其与文献中相应结果的比较，可以看出本书结果相对较优。图 2.16 是优化迭代过程。需要说明的是，虽然本书迭

---

① 1 lb=0.4536 kg。

② 1 in=2.54 cm。

代次数较多，但由于种群规模很小，因此总的计算工作量要小于其他遗传算法。如本书算法所需结构分析次数为 8333,而文献[11]进行了 40000 次(种群规模 200,迭代次数 200)结构分析，文献[12]中结构分析次数则多达 50000(种群规模 200,迭代次数 250)。

表 2.2　优化结果与比较

方法	设计变量/in²										重量/lb
	1	2	3	4	5	6	7	8	9	10	
文献[11]	30.955	0.100	22.933	15.453	0.100	0.532	7.474	20.873	21.410	0.100	5061.092
文献[12]	27.699	0.134	23.094	15.520	0.100	1.465	7.742	23.025	21.388	0.100	5108.840
本书	29.396	0.101	25.464	15.060	0.104	0.102	8.276	20.137	21.182	0.110	5056.899

2.4　三次样条线型拱坝体形优化设计

拱坝体形设计的首要任务是选择拱圈线型。早期修建的拱坝采用的都是等厚度单心圆弧拱；20 世纪 50 年代以后，随着坝工技术的不断发展，拱坝的高度不断增加，开始采用非圆弧拱圈，常用的拱圈线型有抛物线、椭圆、双曲线、三心圆、对数螺旋线、一般二次曲线和混合线型等。不论是混合线型、一般二次曲线拱圈，还是传统的单一线型拱圈，它们都是先给定拱轴线方程形式，然后再确定其中的待定参数。样条插值函数在船舶、飞机等的外形设计中得到了广泛应用，它可以由若干个离散的型值点构造光滑的型值曲线。本节采用三次样条插值函数描述拱坝拱轴线，给出了三次样条线型拱圈的构造方法并建立了相应的拱坝体形优化设计模型，最后以一工程算例表明三次样条线型拱坝体形的优越性。

2.4.1　三次样条线型拱圈的构造

拱坝水平拱圈可通过拱轴线与拱圈厚度描述，这里以右侧拱圈为例介绍用三次样条插值函数构造拱轴线方程。

如图 2.17 所示，设拱轴线上有 $n+1$ 个节点(型值点)P_0, P_1, $\cdots$, P_n, 拱轴线方程 $y = S(x)$ 是三次样条插值函数曲线，则对剖分 $\Delta : 0 = x_0 < x_1 < \cdots < x_n = X_R$，$S(x)$ 在区间 $[x_j, x_{j+1}]$ 上是三次多项式，即

$$S(x) = S_j(x) = a_j + b_j x + c_j x^2 + d_j x^3, \quad x \in [x_j, x_{j+1}], \quad (j = 0, 1, \cdots, n-1) \quad (2.50)$$

同时，$S(x)$ 还应满足：① $S(x_i) = y_i, (i = 0, 1, \cdots, n)$；② $S(x)$ 在 $[0, X_R]$ 具有连续的一阶、二阶导数。

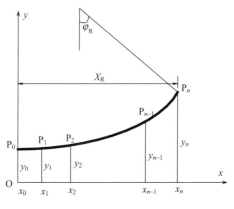

图 2.17　三次样条拱轴线

所以，要确定三次样条插值函数 $S(x)$，就是要确定 $4n$ 个待定系数 a_j，b_j，c_j 和 d_j，使满足条件

$$\begin{cases} S_{j-1}(x_j) = S_j(x_j) \\ S'_{j-1}(x_j) = S'_j(x_j),\ (j = 1, 2, \cdots, n-1) \\ S''_{j-1}(x_j) = S''_j(x_j) \end{cases} \tag{2.51}$$

及

$$S(x_i) = y_i, \quad (i = 0, 1, \cdots, n) \tag{2.52}$$

这里共 $4n-2$ 个条件，要唯一确定 $S(x)$，还需引入端点边界条件。常用的边界条件有两类：一类是给定端点的一阶导数，另一类是给定端点的二阶导数。本书采用前者，对图示拱轴线而言，边界条件为

$$S'(0) = 0, \quad S'(X_R) = \tan \varphi_R \tag{2.53}$$

式中，φ_R 为拱圈右半中心角。

根据上述条件，可以将 $S(x)$ 用节点处的二阶导数 $S''(x_j) \equiv M_j, (j = 0, 1, \cdots, n)$ 表示为

$$S(x) = y_j + \frac{y_{j+1} - y_j}{x_{j+1} - x_j}(x - x_j) - \frac{(2M_j + M_{j+1})(x_{j+1} - x_j)}{6}(x - x_j)$$

$$+ \frac{M_j}{2}(x - x_j)^2 + \frac{M_{j+1} - M_j}{6(x_{j+1} - x_j)}(x - x_j)^3 \tag{2.54}$$

$$\equiv S_j(x), \qquad x \in [x_j, x_{j+1}], (j = 0, 1, \cdots, n-1)$$

而节点处的二阶导数 $M_j(j=0,1,\cdots,n)$ 可由下式确定

$$
\begin{bmatrix}
2 & \lambda_0 & & & & & \\
\mu_1 & 2 & \lambda_1 & & & & \\
& \ddots & \ddots & \ddots & & & \\
& & \mu_j & 2 & \lambda_j & & \\
& & & \ddots & \ddots & \ddots & \\
& & & & \mu_{n-1} & 2 & \lambda_{n-1} \\
& & & & & \mu_n & 2
\end{bmatrix}
\begin{bmatrix}
M_0 \\ M_1 \\ \vdots \\ M_j \\ \vdots \\ M_{n-1} \\ M_n
\end{bmatrix}
=
\begin{bmatrix}
d_0 \\ d_1 \\ \vdots \\ d_j \\ \vdots \\ d_{n-1} \\ d_n
\end{bmatrix}
\tag{2.55}
$$

式中，

$$
\lambda_0 = 1, \quad \lambda_j = \frac{h_j}{h_j + h_{j-1}}, \quad h_j = x_{j+1} - x_j, \quad (j=1,2,\cdots,n-1)
$$

$$
\mu_n = 1, \quad \mu_j = 1 - \lambda_j, \quad (j=1,2,\cdots,n-1)
$$

$$
d_0 = \frac{6(y_1 - y_0)}{h_0^2}, d_n = \frac{6}{h_{n-1}}\left(\tan\varphi_{\mathrm{R}} - \frac{y_n - y_{n-1}}{h_{n-1}}\right)
$$

$$
d_j = \frac{6}{h_j + h_{j-1}}\left(\frac{y_{j+1} - y_j}{h_j} - \frac{y_j - y_{j-1}}{h_{j-1}}\right), (j=1,2,\cdots,n-1)
$$

所以，只要已知 $n+1$ 个节点的坐标 (x_j, y_j)（$j=0,1,\cdots,n$）以及半中心角 φ_{R}，代入式 (2.55) 求出 M_j（$j=0,1,\cdots,n$）后，就可得到用式 (2.54) 表示的三次样条拱轴线方程。

拱坝是凸向上游的挡水结构，水平拱圈必须凸向上游，对于图 2.17 所示拱轴线，其保凸条件为[13]

$$
\begin{cases}
y_0 < y_1 < \cdots < y_n \\
d_j \geqslant 0, \ (j=1,2,\cdots,n-1) \\
M_i \geqslant 0, \ (i=0,1,\cdots,n)
\end{cases}
\tag{2.56}
$$

式中，d_j（$j=1,2,\cdots,n-1$）、M_i（$i=1,2,\cdots,n-1$）的含义与式 (2.55) 中相同。

拱圈厚度可假设其随拱轴线弧长 s 或中心角 φ 变化，分别按下式计算

$$
T(s) = T_{\mathrm{c}} + (T_{\mathrm{R}} - T_{\mathrm{c}})\left(\frac{s}{s_{\mathrm{R}}}\right)^{\alpha}
\tag{2.57}
$$

$$
T(\varphi) = T_{\mathrm{c}} + (T_{\mathrm{R}} - T_{\mathrm{c}})\left(\frac{\varphi}{\varphi_{\mathrm{R}}}\right)^{\alpha}
\tag{2.58}
$$

式中，α 为正实数，初选可取 $\alpha=1.7\sim2.2$；s 和 s_{R} 分别为拱轴线从拱冠至计算点与拱端的弧长；φ 和 φ_{R} 分别为计算点处拱轴线法线与 y 轴的夹角以及右半中心角；T_{c} 和 T_{R} 分别为拱冠和拱端处的拱圈厚度。

综上所述，只要已知拱冠厚度 T_{R}、拱端厚度 T_{R}、右半中心角 φ_{R} 以及 $n+1$ 个节点坐标就可完成右侧三次样条线型拱圈的构造，这里 n 根据需要一般可取 1~3。

类似地，也可以构造左侧拱圈。

2.4.2　三次样条线型拱坝体形优化设计模型[14]

拱坝体形优化设计一般是一个非线性规划问题，其数学模型可表示为

$$\begin{cases} \text{find} & \boldsymbol{X} = [X_1, X_2, \cdots, X_n]^{\mathrm{T}} \\ \min & f(\boldsymbol{X}) \\ \text{s.t.} & g_j(\boldsymbol{X}) \leqslant 0, \quad j=1,2,\cdots,p \end{cases} \tag{2.59}$$

式中，$f(\boldsymbol{X})$是目标函数；$X_i(i=1,2,\cdots,n)$是设计变量；$g_j(\boldsymbol{X})(j=1,2,\cdots,p)$为不等式约束函数。

拱坝体形优化中的设计变量首先要能确定拱坝的几何形状，同时还应便于设计人员作直观的判断。可分为确定拱冠梁的体形参数和确定水平拱圈的体形参数两部分。拱冠梁体形一般采用三次多项式描述，可取 4 个控制高程处的拱冠梁上游坐标和厚度为设计变量；要确定水平拱圈的体形，不失一般性，假设将某拱圈一侧弦长 n 等份，则由前文可知，三次样条线型拱圈体形可由 $n+1$ 个等分点的型值坐标 $y_0, y_1, \cdots, y_n$，半中心角以及拱冠厚度与拱端厚度确定，其中 y_0 和拱冠厚度可由拱冠梁体形确定，所以各拱圈的设计变量为 $y_1, \cdots, y_n$，半中心角以及拱端厚度。

约束条件可分为几何约束和性态约束两类。几何约束一般包括设计变量的界限约束、倒悬度约束和保凸约束等；性态约束则反映了对坝体应力水平、稳定性等性能指标的要求。

拱坝体形优化目标通常包括经济性和安全性两类，本书考虑的是经济性目标，取坝体体积为目标函数。

2.4.3　工程算例

1）基本资料

某拟建拱坝高 277m，坝顶高程 827m，正常蓄水位 820.0m，初始设计方案采用抛物线体形，体形参数由设计部门基于拱梁分载法进行优化后提供，如表 2.3 所示；坝体及坝基材料参数取值见表 2.4。上游正常蓄水位 820.00m，相应下游水位 600.00m；上游淤沙高程 710.00m，淤沙浮容重 5.0kN/m³，内摩擦角 0°。主要特征温度取值为：多年平均气温 23℃，气温年变幅 8℃；库水表面年平均水温 20.0℃，库水表面水温年变幅 6.5℃；库水恒温层高程为 690.0m，恒温层以下水温为 11.0℃；下游水垫塘底部水温为 16.0℃。坝体封拱温度见表 2.5。

表 2.3 抛物线双曲拱坝体形参数

高程/m	拱冠梁参数/m		拱端厚度/m		半中心角/(°)		拱圈轴线弦长/m	
	上游面坐标	厚度	左岸	右岸	左岸	右岸	左岸	右岸
827.00	0.000	14.000	19.035	19.000	46.891	45.073	364.945	261.712
740.00	−32.563	41.510	42.822	55.000	47.876	46.746	296.875	238.016
640.00	−48.000	58.677	70.442	78.787	46.396	47.060	210.508	198.82
550.00	−37.816	70.000	73.834	74.435	18.500	18.500	51.704	51.807

表 2.4 坝体与坝基材料参数

材料	变形模量/GPa	泊松比 μ	容重/(kN/m³)	热膨胀系数 α/℃
坝体混凝土	21	0.17	24.0	1.0×10^{-5}
左岸 780.0m~左岸 827.0m 岩体	12	0.25	—	—
左岸 600.0m~左岸 780.0m 岩体 右岸 700.0m~右岸 827.0m 岩体	14	0.22	—	—
右岸 600.0m~右岸 700.0m 岩体	16	0.22	—	—
左右岸 600.0m 以下岩体	20	0.20	—	—

表 2.5 坝体封拱温度

拱圈高程/m	封拱温度/℃	拱圈高程/m	封拱温度/℃
827.0	18.0	640.0	13.0
780.0	16.0	600.0	13.0
740.0	14.0	570.0	12.0
690.0	14.0	550.0	12.0

2) 优化模型

本书在优化过程中取 4 个控制高程处的拱冠梁和拱圈体形参数为设计变量,并假设各拱圈左、右侧节点数目均取 2 个,其中,左、右侧拱圈在拱冠处的节点重合。设计变量分布及初始设计取值见表 2.6。参照初始设计方案,各设计变量的取值范围见表 2.7。

结构分析方法采用有限单元法,坝体沿高度方向分 12 层单元,沿厚度方向分 4 层单元。计算荷载组合为"正常蓄水位+相应下游水位+淤沙压力+自重+温降"。在优化过程中应力约束采用有限元等效应力控制,根据《混凝土拱坝设计规范》SL 282—2003 要求,等效主拉应力不超过 1.5MPa,等效主压应力的安全系数为 4.0,该拱坝采用 C40 混凝土,则等效主压应力不超过 10.0MPa。其他主要约束条件包括最大中心角 $\varphi \leqslant 100°$,上游倒悬度 $K_u \leqslant 0.30$,下游倒悬度 $K_d \leqslant 0.25$。

表 2.6　设计变量分布及初始设计取值

高程/m	拱冠梁参数		左侧拱圈参数			右侧拱圈参数		
	上游面坐标/m	厚度/m	拱端厚度/m	轴线拱端坐标/m	半中心角/(°)	拱端厚度/m	轴线拱端坐标/m	半中心角/(°)
827.0	0.000	X_4 14.000	X_8 19.035	X_{12} 201.933	X_{16} 46.891	X_{20} 19.000	X_{24} 138.190	X_{28} 45.073
740.0	X_1 −32.563	X_5 41.510	X_9 42.822	X_{13} 152.333	X_{17} 47.876	X_{21} 55.000	X_{25} 114.683	X_{29} 46.746
640.0	X_2 −48.000	X_6 58.677	X_{10} 70.442	X_{14} 91.851	X_{18} 46.396	X_{22} 78.787	X_{26} 88.167	X_{30} 47.060
550.0	X_3 −37.816	X_7 70.000	X_{11} 73.834	X_{15} 5.836	X_{19} 18.500	X_{23} 74.435	X_{27} 5.851	X_{31} 18.500

表 2.7　设计变量取值范围

变量	X_1	X_2	X_3	X_4	X_5	X_6	X_7	X_8	X_9	X_{10}	X_{11}
最小值	−40.0	−60.0	−50.0	10.0	30.0	50.0	60.0	10.0	30.0	60.0	60.0
最大值	−20.0	−40.0	−30.0	20.0	50.0	70.0	80.0	25.0	60.0	85.0	85.0

变量	X_{12}	X_{13}	X_{14}	X_{15}	X_{16}	X_{17}	X_{18}	X_{19}	X_{20}	X_{21}	X_{22}
最小值	150.0	100.0	50.0	−10.0	40.0	40.0	35.0	10.0	10.0	30.0	60.0
最大值	250.0	200.0	150.0	40.0	55.0	55.0	50.0	30.0	25.0	60.0	85.0

变量	X_{23}	X_{24}	X_{25}	X_{26}	X_{27}	X_{28}	X_{29}	X_{30}	X_{31}		
最小值	60.0	90.0	60.0	50.0	−10.0	40.0	40.0	35.0	10.0		
最大值	85.0	190.0	160.0	130.0	40.0	55.0	55.0	50.0	30.0		

3) 结果与分析

采用前文所述加速微种群遗传算法作为优化方法[15]，图 2.18 给出了优化目标迭代过程，图 2.19 为优化过程中最优点违反约束情况。

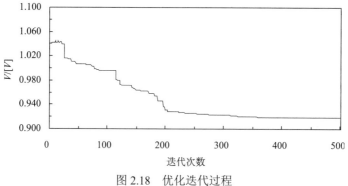

图 2.18　优化迭代过程

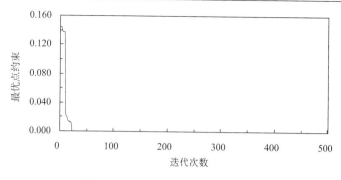

图 2.19 最优点约束扰动迭代过程

优化结果见表 2.8，优化设计方案与初始设计方案的主要性能指标对比见表 2.9，可以看出初始设计方案不满足有限元等效应力约束，而优化设计方案满足所有约束条件，坝体体积减小了 $58.4 \times 10^4 \text{m}^3$，同时坝体的有限元最大主拉应力也减小了 0.88MPa、主压应力与初始设计基本相同，优化效果明显。

表 2.8 优化设计方案拱坝体形参数

高程/m	拱冠梁参数		左侧拱圈参数			右侧拱圈参数		
	上游面坐标/m	厚度/m	拱端厚度/m	轴线拱端坐标/m	半中心角/(°)	拱端厚度/m	轴线拱端坐标/m	半中心角/(°)
827.0	0.000	14.641	16.273	263.86	49.154	15.091	153.31	46.857
740.0	−26.71	33.510	35.010	186.73	46.152	34.531	132.83	45.968
640.0	−41.119	51.771	77.365	100.21	45.483	76.534	100.28	44.792
550.0	−36.073	78.685	79.425	10.895	21.901	79.455	15.744	26.208

表 2.9 初始设计与优化设计主要性能指标对比

设计方案	体积/10^4m^3	最大主拉应力/MPa	最大主压应力/MPa	最大等效主拉应力/MPa	最大等效主压应力/MPa	最大顺河向位移/cm	最大中心角/(°)	上游倒悬度	下游倒悬度
初始设计	692.4	4.33	−14.82	2.36	−10.42	10.34	94.622	0.254	0.048
优化设计	634.0	3.45	−14.74	1.50	−9.59	8.48	96.011	0.162	0.093

参 考 文 献

[1] 蔡新, 郭兴文, 张旭明. 工程结构优化设计[M]. 北京: 中国水利水电出版社, 2003.

[2] 朱伯芳, 高季章, 陈祖煜, 等. 拱坝设计与研究[M]. 北京: 中国水利水电出版社, 2002.

[3] 袁亚湘, 孙文瑜. 最优化理论与方法[M]. 北京: 科学出版社, 1997.

[4] 玄光男, 程润伟. 遗传算法与工程设计[M]. 汪定伟, 等译. 北京: 科学出版社, 2000.

[5] Gudla P K, Ganguli R. An automated hybrid genetic-conjugate gradient algorithm for multimodal optimization problems [J]. Applied Mathematics and Computation. 2005, 167(2): 1457-1474.

[6] 姚磊华. 遗传算法和高斯牛顿法联合反演地下水渗流模型参数[J]. 岩土工程学报, 2005, 27(8): 885-890.

[7] Krishnakumar K. Micro-genetic algorithms for stationary and non-stationary function optimization [J]. SPIE Intelligent Control and Adaptive Systems, 1990, 1196: 289-296.

[8] 孙林松, 张伟华. 加速微种群遗传算法及其在结构优化设计中的应用[J]. 应用基础与工程科学学报, 2008, 16(5): 741-748.

[9] 易大义, 陈道琦. 数值分析引论[M]. 杭州: 浙江大学出版社, 1998.

[10] Xu Y G, Liu G R, Wu Z P. A novel hybrid genetic algorithm using local optimizer based on heuristic pattern move [J]. Applied Artificial Inteuigence, 2001, 15(7): 601-631.

[11] 唐文艳, 顾元宪. 遗传算法中约束的凝聚选择和复合形处理方法[J]. 工程力学, 2002, 19(6): 58-62.

[12] 武金瑛. 遗传算法及其在结构优化中的应用[D]. 大连: 大连理工大学, 2000.

[13] 孙道勋. 关于三次保凸插值样条的构造[J]. 福州大学学报, 1987, (1): 1-12.

[14] 孙林松, 张伟华. 三次样条线型拱坝体形优化设计[J]. 水利学报, 2008, 39(1): 47-51.

[15] 孙林松, 张伟华, 郭兴文. 基于加速微种群遗传算法的拱坝体形优化设计[J]. 河海大学学报(自然科学版), 2008, 36(6): 758-762.

3 拱坝体形多目标优化设计

早期的拱坝体形优化是以拱坝的体积或造价为目标函数,优化结果是得到一个在给定设计条件下的最经济的拱坝体形。随着拱坝建设的发展与拱坝体形优化设计研究的深入,同时兼顾拱坝经济性和安全性的拱坝体形多目标优化设计越来越受到重视。本章介绍拱坝体形多目标优化设计的数学模型以及基于模糊理论、灰色理论和博弈论的求解方法。

3.1 拱坝多目标优化设计的数学模型

3.1.1 多目标优化问题的一般描述

多目标优化设计的数学模型一般可表示为

$$\begin{cases} \min & \boldsymbol{F(X)} = [f_1(\boldsymbol{X}),\ f_2(\boldsymbol{X}),\ \cdots,\ f_m(\boldsymbol{X})]^{\mathrm{T}} \\ \text{s.t.} & g_j(\boldsymbol{X}) \leqslant 0,\quad j=1,2,\cdots,p \\ & h_k(\boldsymbol{X}) = 0,\quad k=1,2,\cdots,q \end{cases} \tag{3.1}$$

式中,$\boldsymbol{F(X)}$ 是目标函数向量,其元素是 m 个标量分目标函数;$\boldsymbol{X}$ 是由设计变量组成的向量,在拱坝体形优化设计中一般取描述拱坝形状的几何参数为设计变量;$g_j(\boldsymbol{X})$($j=1,2,\cdots,p$)为不等式约束函数;$h_k(\boldsymbol{X})$($k=1,2,\cdots,q$)为等式约束函数,在拱坝体形优化设计中一般不存在等式约束。

3.1.2 拱坝优化的多目标函数

拱坝优化设计中的目标函数主要可分为经济性目标与安全性目标两类,其中经济性目标比较简单,常采用坝体体积作为目标函数;安全性目标则比较复杂,用得较多的是最大主应力[1],但最大主应力反映的只是局部应力状态,还不能完全反映拱坝的整体安全性。相同应力水平下,高应力区的范围较大显然比范围较小的更危险,因此,可以将高应力区的大小作为拱坝的安全性指标[2]。为了便于不同设计方案之间的比较,可取高拉应力区最大深度与相应截面坝厚的比值(即最大相对深度)为目标函数。所以在拱坝体形优化设计中可取如下分目标函数:

$$\begin{cases} f_1(\boldsymbol{X}) = V \\ f_2(\boldsymbol{X}) = \sigma_{\text{tmax}} \\ f_3(\boldsymbol{X}) = \sigma_{\text{cmax}} \\ f_4(\boldsymbol{X}) = d_{\text{max}} \end{cases} \tag{3.2}$$

式中，V 为拱坝的体积；$\sigma_{\text{t max}}$、$\sigma_{\text{c max}}$ 分别为坝体最大主拉应力与最大主压应力；d_{max} 为建基面高拉应力区最大相对深度，即高拉应力深度与相应截面坝体厚度的比值。

上述 4 个目标函数的量纲不同，数值大小也相差甚远，因此，应对其作规格化处理，取

$$\begin{cases} f_1(\boldsymbol{X}) = \dfrac{V}{[V]} \\[2mm] f_2(\boldsymbol{X}) = \dfrac{\sigma_{\text{tmax}}}{[\sigma_t]} \\[2mm] f_3(\boldsymbol{X}) = \dfrac{\sigma_{\text{cmax}}}{[\sigma_c]} \\[2mm] f_4(\boldsymbol{X}) = \dfrac{d_{\text{max}}}{[d]} \end{cases} \tag{3.3}$$

式中，[·]为相应变量的最大容许值或参考值，可根据设计规范或参照初始设计方案确定。

3.1.3　多目标优化问题的一般解法

对多目标优化问题，目前数学规划理论中已提出不少解法，如评价函数法、分层序列法以及约束法[3]。评价函数法中常用的有线性加权法、理想点法等。

1）约束法

在目标函数 $f_1(\boldsymbol{X}), f_2(\boldsymbol{X}), \cdots, f_p(\boldsymbol{X})$ 中选择一个主要目标，例如 $f_1(\boldsymbol{X})$，而对其他各分目标 $f_2(\boldsymbol{X}), \cdots, f_p(\boldsymbol{X})$ 都可以事先给定一个希望的值，不妨记为 $f_2^0, \cdots, f_p^0$。这里，$f_j^0 \geqslant \min\limits_{\boldsymbol{X} \in R} f_j(\boldsymbol{X}), j = 2, 3, \cdots, p, R = \{\boldsymbol{X} \,|\, g_i(\boldsymbol{X}) \leqslant 0, i = 1, 2, \cdots, m\}$。

于是可把原来的多目标优化问题转化为如下单目标优化问题

$$\begin{cases} \min & f_1(\boldsymbol{X}) \\ \text{s.t.} & g_i(\boldsymbol{X}) \leqslant 0, \quad (i = 1, 2, \cdots, m) \\ & f_j(\boldsymbol{X}) \leqslant f_j^0, \quad (j = 2, 3, \cdots, p) \end{cases} \tag{3.4}$$

在具体应用时，为保证式(3.4)的可行域非空，也可以先求一个 $\boldsymbol{X}^0 \in R$，然后在使其他次要目标 $f_2(\boldsymbol{X}), \cdots, f_p(\boldsymbol{X})$ 都不比 $f_2(\boldsymbol{X}^0), \cdots, f_p(\boldsymbol{X}^0)$ "坏"的前提下

来求主目标 $f_1(\boldsymbol{X})$ 的极小值，即求问题

$$\begin{cases} \min & f_1(\boldsymbol{X}) \\ \text{s.t.} & g_i(\boldsymbol{X}) \leqslant 0, \quad (i=1,2,\cdots,m) \\ & f_j(\boldsymbol{X}) \leqslant f_j(\boldsymbol{X}^0), \quad (j=2,3,\cdots,p) \end{cases} \tag{3.5}$$

2) 分层序列法

分层序列法把各个分目标函数按重要性排序，设为 $f_1(\boldsymbol{X}),f_2(\boldsymbol{X}),\cdots,f_p(\boldsymbol{X})$，即 $f_1(\boldsymbol{X})$ 最重要，$f_2(\boldsymbol{X})$ 次之等。然后，先求问题

$$\begin{cases} \min & f_1(\boldsymbol{X}) \\ \text{s.t.} & g_i(\boldsymbol{X}) \leqslant 0, \quad (i=1,2,\cdots,m) \end{cases} \tag{3.6}$$

得到第一个目标的最优解，其最优值记为 f_1^*。再求问题

$$\begin{cases} \min & f_2(\boldsymbol{X}) \\ \text{s.t.} & g_i(\boldsymbol{X}) \leqslant 0, \quad (i=1,2,\cdots,m) \\ & f_1(\boldsymbol{X}) \leqslant f_1^* + \varDelta_1 \end{cases} \tag{3.7}$$

得到第二个目标的最优解，其最优值记为 f_2^*。然后求第三个目标的最优解，即求问题

$$\begin{cases} \min & f_3(\boldsymbol{X}) \\ \text{s.t.} & g_i(\boldsymbol{X}) \leqslant 0, \quad (i=1,2,\cdots,m) \\ & f_j(\boldsymbol{X}) \leqslant f_j^* + \varDelta_j, \quad (j=1,2) \end{cases} \tag{3.8}$$

得到第三个目标的最优解，其最优值记为 f_3^*。如此直到求最后的第 p 个目标的最优解

$$\begin{cases} \min & f_p(\boldsymbol{X}) \\ \text{s.t.} & g_i(\boldsymbol{X}) \leqslant 0, \quad (i=1,2,\cdots,m) \\ & f_j(\boldsymbol{X}) \leqslant f_j^* + \varDelta_j, \quad (j=1,2,\cdots,p-1) \end{cases} \tag{3.9}$$

得到第 p 个目标的最优解，记为 $\boldsymbol{X}_p^*$。则以 $\boldsymbol{X}_p^*$ 为多目标优化问题的最优解。

在具体应用时，$\varDelta_j$ 如果给得太小，可能导致后面的问题无解；给得太大，则 $f_j(\boldsymbol{X}) \leqslant f_j^* + \varDelta_j$ 这一条件可能不起作用，因此要根据经验或通过试算确定。另外，其取值大小还可以反映决策人对目标函数 $f_j(\boldsymbol{X})$ 的重视程度。

3) 线性加权法

线性加权法是最简单得多目标优化方法，把式 (3.1) 中各个分目标函数 $f_i(\boldsymbol{X})$ 分别乘以权系数 w_i 再求和，得到评价函数如下：

$$E(\boldsymbol{X}) = \sum_{i=1}^{p} w_i f_i(\boldsymbol{X}) \tag{3.10}$$

这样，就把多目标优化问题转化为单目标优化问题

$$\begin{cases} \min & E(\boldsymbol{X}) = \sum_{i=1}^{p} w_i f_i(\boldsymbol{X}) \\ \text{s.t.} & g_j(\boldsymbol{X}) \leqslant 0, \quad (j=1,2,\cdots,m) \end{cases} \tag{3.11}$$

4）理想点法

理想点法先求解 m 个单目标优化问题

$$\begin{cases} \min & f_i(\boldsymbol{X}), \quad (i=1,2,\cdots,p) \\ \text{s.t.} & g_j(\boldsymbol{X}) \leqslant 0, \quad (j=1,2,\cdots,m) \end{cases} \tag{3.12}$$

设最优解及相应目标函数值分别为 $\boldsymbol{X}_i^*$ 和 $f_i^* = f_i(\boldsymbol{X}_i^*)$，$i=1,2,\cdots,m$。在目标函数空间，称点 $(f_1^*, f_2^*, \cdots, f_m^*)$ 为理想点，一般来说，由于各分目标之间相互冲突，并不能达到理想点，定义设计点到理想点的距离为评价函数，即

$$E(\boldsymbol{X}) = \sqrt{\sum_{i=1}^{p} [f_i(\boldsymbol{X}) - f_i^*]^2} \tag{3.13}$$

求单目标优化问题

$$\begin{cases} \min & E(\boldsymbol{X}) = \sqrt{\sum_{i=1}^{p} [f_i(\boldsymbol{X}) - f_i^*]^2} \\ \text{s.t.} & g_j(\boldsymbol{X}) \leqslant 0, \quad (j=1,2,\cdots,m) \end{cases} \tag{3.14}$$

得到单目标的最优解，记为 $\bar{\boldsymbol{X}}$，即作为原问题式（3.1）的解。

3.2 基于模糊贴近度的拱坝体形多目标优化设计

3.2.1 模糊集与模糊贴近度[4]

模糊集概念是普通集合概念的推广，即把取值为 0 和 1 的特征函数扩展到可在闭区间[0,1]上取任意值的隶属函数。设 U 为论域，x 是 U 中的任意元素，给定映射 $\mu_{\tilde{A}}: U \to [0,1]$ 使得 $x \in U \mapsto \mu_{\tilde{A}}(x) \in [0,1]$，则称 $\mu_{\tilde{A}}$ 确定了论域 U 上的一个模糊子集 $\tilde{A}$，简称模糊集。称 $\mu_{\tilde{A}}$ 为 $\tilde{A}$ 的隶属函数，$\mu_{\tilde{A}}(x)$ 为 x 属于 $\tilde{A}$ 的隶属度。隶属函数是用模糊集来表示模糊概念的关键。如何建立符合实际的隶属函数是至今尚未完全解决的问题，在隶属函数的确定过程中或多或少都有决策者的主观任意性。常用的偏小型隶属函数有：

1) 正态分布隶属函数

$$\mu_{\tilde{A}}(x) = \begin{cases} 1, & x \leqslant a, \\ \mathrm{e}^{-\left(\frac{x-a}{\sigma}\right)^2}, & x > a. \end{cases} \tag{3.15a}$$

2) 柯西分布隶属函数

$$\mu_{\tilde{A}}(x) = \begin{cases} 1, & x \leqslant a, \\ \dfrac{1}{1 + \alpha(x-a)^\beta}, & x > a. \end{cases} \tag{3.15b}$$

式中，$\alpha > 0, \beta > 0$。

3) 尖 Γ 分布隶属函数

$$\mu_{\tilde{A}}(x) = \begin{cases} 1, & x \leqslant a, \\ \mathrm{e}^{-k(x-a)}, & x > a. \end{cases} \tag{3.15c}$$

式中，$k > 0$。

4) 线性隶属函数

$$\mu_{\tilde{A}}(x) = \begin{cases} 1, & x \leqslant a, \\ \dfrac{b-x}{b-a}, & a < x < b, \\ 0, & x \geqslant b. \end{cases} \tag{3.15d}$$

5) 抛物线隶属函数

$$\mu_{\tilde{A}}(x) = \begin{cases} 1, & x \leqslant a, \\ \left(\dfrac{b-x}{b-a}\right)^2, & a < x < b, \\ 0, & x \geqslant b. \end{cases} \tag{3.15e}$$

为了度量两个模糊集之间的贴近程度，引入了模糊贴近度的概念，模糊贴近度越大说明两个模糊集越贴近。设 $\tilde{A}$ 和 $\tilde{B}$ 是论域 $U = \{x_1, x_2, \cdots, x_n\}$ 上的两个模糊子集，常用的贴近度有：

1)格贴近度

$$\sigma_0(\tilde{A},\tilde{B}) = \frac{1}{2}[\tilde{A} \circ \tilde{B} + \tilde{A} \otimes \tilde{B}] \tag{3.16a}$$

式中，$\tilde{A} \circ \tilde{B} = \bigvee_{x \in U}[\mu_{\tilde{A}}(x) \wedge \mu_{\tilde{B}}(x)]$ 称为 $\tilde{A}$ 和 $\tilde{B}$ 内积，表示的是最小值中的最大者；$\tilde{A} \otimes \tilde{B} = \bigwedge_{x \in U}[\mu_{\tilde{A}}(x) \vee \mu_{\tilde{B}}(x)]$ 称为 $\tilde{A}$ 和 $\tilde{B}$ 外积，表示的是最大值中的最小者。

2)基于海明距离的贴近度

$$\sigma_1(\tilde{A},\tilde{B}) = 1 - \frac{1}{n}\sum_{k=1}^{n}\left|\mu_{\tilde{A}}(x_k) - \mu_{\tilde{B}}(x_k)\right| \tag{3.16b}$$

3)基于欧氏距离的贴近度

$$\sigma_2(\tilde{A},\tilde{B}) = 1 - \frac{1}{n}\left[\sum_{k=1}^{n}\left|\mu_{\tilde{A}}(x_k) - \mu_{\tilde{B}}(x_k)\right|^2\right]^{\frac{1}{2}} \tag{3.16c}$$

3.2.2　多目标优化的模糊贴近度解法

对多目标优化问题式(3.1)，设在目标函数空间，与理想点相应的目标向量为 $\boldsymbol{F}^* = [f_1^*, f_2^*, \cdots, f_p^*]^T$，与设计空间中任意一点 $\boldsymbol{X}$ 所对应的目标向量为 $\boldsymbol{F} = [f_1, f_2, \cdots, f_p]^T$。以目标函数空间为论域 U，$\boldsymbol{F}^*$ 和 $\boldsymbol{F}$ 就是论域内的两个集合，利用式(3.15)所定义的隶属函数可构造相应的模糊子集 $\tilde{\boldsymbol{F}}^*$ 和 $\tilde{\boldsymbol{F}}$，这时，$a = f_i^*$，b 为分目标 f_i 的容许最大值。显然有 $\tilde{\boldsymbol{F}}^* = [1, 1, \cdots, 1]^T$，$\tilde{\boldsymbol{F}} = [\mu_{\tilde{F}}(f_1), \mu_{\tilde{F}}(f_2), \cdots, \mu_{\tilde{F}}(f_p)]^T$，模糊子集 $\tilde{\boldsymbol{F}}^*$ 和 $\tilde{\boldsymbol{F}}$ 与式(3.16)所对应的贴近度分别为

$$\sigma_0(\tilde{\boldsymbol{F}}^*, \tilde{\boldsymbol{F}}) = \frac{1}{2}[\max_i \mu_{\tilde{F}}(f_i) + 1] \tag{3.17a}$$

$$\sigma_1(\tilde{\boldsymbol{F}}^*, \tilde{\boldsymbol{F}}) = 1 - \frac{1}{p}\sum_{i=1}^{p}\left|1 - \mu_{\tilde{F}}(f_i)\right| \tag{3.17b}$$

$$\sigma_2(\tilde{\boldsymbol{F}}^*, \tilde{\boldsymbol{F}}) = 1 - \frac{1}{p}\left[\sum_{i=1}^{p}\left|1 - \mu_{\tilde{F}}(f_i)\right|^2\right]^{\frac{1}{2}} \tag{3.17c}$$

多目标优化问题就转化为如下单目标优化问题

$$\begin{cases} \text{find } \boldsymbol{X} = \begin{bmatrix} x_1, & x_2, \cdots, & x_n \end{bmatrix}^{\mathrm{T}} \\ \max \ \sigma(\tilde{\boldsymbol{F}}^*, \tilde{\boldsymbol{F}}) \\ \text{s.t.} \quad g_j(\boldsymbol{X}) \leqslant 0, \quad (j = 1, 2, \cdots, m) \end{cases} \tag{3.18}$$

式中，$\sigma(\tilde{\boldsymbol{F}}^*, \tilde{\boldsymbol{F}})$ 可采用式(3.17a)~式(3.17c)中的任意一种贴近度。

3.2.3 工程算例

1) 基本资料

雅砻江中游河段某水电站装机容量为1500MW，水库总库容为 $5.125 \times 10^8 \, \mathrm{m}^3$，调节库容为 $0.538 \times 10^8 \, \mathrm{m}^3$。挡水建筑物采用抛物线型混凝土双曲拱坝，坝顶高程2102m，最大坝高155m。具体体形参数见表3.1。

表 3.1　拱坝主要体形参数

高程/m	拱冠梁/m		拱端厚度/m		拱冠曲率半径/m		半中心角/(°)	
	上游坐标	厚度	左岸	右岸	左岸	右岸	左岸	右岸
2102	0.000	9.000	11.000	11.000	205.000	210.000	37.687	37.540
2080	−8.505	13.864	14.352	14.692	168.089	174.266	40.521	40.679
2060	−14.412	17.383	17.837	18.684	143.921	149.451	42.541	43.014
2040	−18.800	20.394	21.583	22.996	125.927	130.187	43.481	44.309
2020	−21.540	23.044	25.336	27.242	112.961	116.216	43.371	44.343
2000	−22.504	25.480	28.839	31.035	103.878	107.278	42.057	42.865
1980	−21.562	27.848	31.837	33.989	97.532	103.116	38.244	38.334
1960	−18.586	30.297	34.074	35.717	92.779	103.470	28.396	29.634
1947	−15.500	32.000	35.000	36.000	90.000	106.000	15.316	15.784

坝址所在峡谷河段，两岸多为陡坡地形，左岸坡度约为 45°~60°；右岸坡度约为 50°~70°。坝基岩体为燕山期花岗闪长岩，深灰至浅灰色，以花岗结构为主，块状构造。基岩变形参数取值见表3.2。

表 3.2　基岩变形参数表

高程/m	左岸综合变形模量/GPa	右岸综合变形模量/GPa	泊松比
2060~2102	9.0	10.0	0.27
2020~2060	10.0	10.0	0.26
2000~2020	11.0	11.0	0.25
1980~2000	12.0	12.5	0.24
1960~1980	13.0	13.0	0.23
1960 以下	14.0	14.0	0.22

拱坝上游正常蓄水位为 2094.00m，相应下游水位为 1987.68m；上游淤沙高程 2016.36m，淤沙浮容重 5.0kN/m³，内摩擦角 0°。温度荷载基本参数为：多年平均气温 15.6℃，气温温降年变幅 8.4℃，气温温升年变幅 5.7℃；多年平均水温 11.2℃，水温温降年变幅 7.5℃，水温温升年变幅 6.1℃；上游库底水温 10℃，下游水垫塘底部水温 14℃。坝体封拱温度见表 3.3。

表 3.3　坝体封拱温度

高程/m	T_{m0}/℃	T_{d0}/℃	高程/m	T_{m0}/℃	T_{d0}/℃
2102	15.0	0.0	2000	13.0	0.0
2080	15.0	0.0	1980	13.0	0.0
2060	14.0	0.0	1960	12.0	0.0
2040	14.0	0.0	1947	12.0	0.0
2020	13.0	0.0			

注：T_{m0} 为截面平均温度；T_{d0} 为等效线性温差。

2) 优化模型

取 4 个控制高程处的拱冠梁和拱圈体形参数为设计变量，具体各设计变量的分布及取值范围见表 3.4。

表 3.4　设计变量分布及取值范围

高程/m	拱冠梁参数/m		左侧拱圈参数/m		右侧拱圈参数/m	
	上游坐标	厚度	拱端厚度	轴线拱冠曲率半径	拱端厚度	轴线拱冠曲率半径
2102.0	—	X_4 [8.0, 2.0]	X_8 [8.0, 15.0]	X_{12} [150.0, 250.0]	X_{20} [8.0, 15.0]	X_{24} [150.0, 250.0]
2040.0	X_1 [−25.0,−10.0]	X_5 [15.0,25.0]	X_9 [15.0,25.0]	X_{13} [100.0, 160.0]	X_{21} [15.0, 25.0]	X_{25} [100.0, 160.0]
2000.0	X_2 [−30.0,−15.0]	X_6 [20.0,30.0]	X_{10} [25.0, 35.0]	X_{14} [80.0, 130.0]	X_{22} [25.0, 35.0]	X_{26} [80.0, 130.0]
1947.0	X_3 [−25.0,−10.0]	X_7 [25.0,35.0]	X_{11} [30.0, 40.0]	X_{15} [70.0, 110.0]	X_{23} [30.0, 40.0]	X_{27} [70.0, 110.0]

结构分析方法采用有限单元法，坝体沿高度方向分 12 层单元，沿厚度方向分 4 层单元。计算工况荷载组合为"正常蓄水位+相应下游水位+淤沙压力+自重+温降"。在优化过程中应力约束采用有限元等效应力控制，根据《混凝土拱坝设计规范》SL 282—2003 要求，等效主拉应力不超过 1.5MPa，等效主压应力的安全系数为 4.0，该拱坝采用 C25 混凝土，则等效主压应力不超过 6.25MPa。其他主

要约束条件包括最大中心角 $\varphi \le 100°$，上游倒悬度 $K_u \le 0.30$，下游倒悬度 $K_d \le 0.25$ 以及坝体体积 $V \le 80 \times 10^4 \mathrm{m}^3$。优化目标函数为坝体体积 V、最大主拉应力 $\sigma_{t\max}$、最大主压应力 $\sigma_{c\max}$ 以及主拉应力大于 $1.0\mathrm{MPa}$ 的拉应力区相对深度 $d_{1.0}$。

综上所述，拱坝多目标优化模型可表示为

$$
\begin{cases}
\text{find } \boldsymbol{X} = [x_1, x_2, \cdots, x_{23}]^{\mathrm{T}} \\
\min \ \boldsymbol{F}(\boldsymbol{X}) = [f_1(\boldsymbol{X}), f_2(\boldsymbol{X}), f_3(\boldsymbol{X}), f_4(\boldsymbol{X})]^{\mathrm{T}} \\
\qquad\quad = [V, \sigma_{t\max}, \sigma_{c\max}, d_{1.0}]^{\mathrm{T}} \\
\text{s.t. } X_{i\min} \le X_i \le X_{i\max}, \quad (i = 1, 2, \cdots, 23) \\
\qquad \sigma_{t\max}^{eq} \le 1.5\mathrm{MPa} \\
\qquad \sigma_{c\max}^{eq} \le 6.25\mathrm{MPa} \\
\qquad \varphi \le 100° \\
\qquad K_u \le 0.3 \\
\qquad K_d \le 0.25 \\
\qquad V \le 80 \times 10^4 \mathrm{m}^3
\end{cases}
\tag{3.19}
$$

3) 计算与结果

首先考虑式 (3.19) 中各目标函数进行单目标优化，表 3.5 给出了初始设计方案和各单目标优化方案的目标函数值。

表 3.5 不同设计方案目标函数值

设计方案	$V/(10^4\mathrm{m}^3)$	$\sigma_{t\max}/\mathrm{MPa}$	$\sigma_{c\max}/\mathrm{MPa}$	$d_{1.0}$
初始设计	77.31	3.44	7.87	0.43
$\min V$	**75.19**	3.53	7.87	0.45
$\min \sigma_{t\max}$	80.00	**2.78**	7.24	0.40
$\min \sigma_{c\max}$	79.77	3.26	**6.71**	0.45
$\min d_{1.0}$	80.00	3.23	7.98	**0.38**

由表 3.5 可知，理想点为 $\boldsymbol{F}^* = [75.19 \times 10^4 \mathrm{m}^3, 2.78\mathrm{MPa}, 6.71\mathrm{MPa}, 0.38]^{\mathrm{T}}$，各目标函数的最大容许值可分别取 $80.00 \times 10^4 \mathrm{m}^3$，$3.53\mathrm{MPa}$，$7.98\mathrm{MPa}$ 和 0.45。采用线性隶属函数，各分目标的隶属度分别为

$$
\mu_{\tilde{V}} = \begin{cases}
1, & V \le 75.19 \times 10^4 \\
\dfrac{80.00 \times 10^4 - V}{4.81 \times 10^4}, & 75.19 \times 10^4 < V < 80.00 \times 10^4 \\
0, & V \ge 80.00 \times 10^4
\end{cases}
\tag{3.20}
$$

$$\mu_{\tilde{\sigma}_{t\,max}} = \begin{cases} 1, & \sigma_{t\,max} \leqslant 2.78 \\ \dfrac{3.53 - \sigma_{t\,max}}{0.75}, & 2.78 < \sigma_{t\,max} < 3.53 \\ 0, & \sigma_{t\,max} \geqslant 3.53 \end{cases} \quad (3.21)$$

$$\mu_{\tilde{\sigma}_{c\,max}} = \begin{cases} 1, & \sigma_{c\,max} \leqslant 6.71 \\ \dfrac{7.98 - \sigma_{c\,max}}{1.27}, & 6.71 < \sigma_{c\,max} < 7.98 \\ 0, & \sigma_{c\,max} \geqslant 7.98 \end{cases} \quad (3.22)$$

$$\mu_{\tilde{d}_{1.0}} = \begin{cases} 1, & d_{1.0} \leqslant 0.38 \\ \dfrac{0.45 - d_{1.0}}{0.07}, & 0.38 < d_{1.0} < 0.45 \\ 0, & d_{1.0} \geqslant 0.45 \end{cases} \quad (3.23)$$

这里采用基于海明距离的模糊贴近度，有

$$\sigma_1(\tilde{\boldsymbol{F}}^*, \tilde{\boldsymbol{F}}) = 1 - \frac{1}{4}\left(\left|1 - \mu_{\tilde{V}}\right| + \left|1 - \mu_{\tilde{\sigma}_{t\,max}}\right| + \left|1 - \mu_{\tilde{\sigma}_{c\,max}}\right| + \left|1 - \mu_{\tilde{d}_{1.0}}\right|\right) \quad (3.24)$$

则多目标优化模型(3.19)转化为如下单目标优化问题，

$$\begin{cases} \text{find } \boldsymbol{X} = \begin{bmatrix} x_1, & x_2, & \cdots, & x_{23} \end{bmatrix}^{\mathrm{T}} \\ \max \ \sigma_1(\tilde{\boldsymbol{F}}^*, \tilde{\boldsymbol{F}}) \\ \text{s.t. } X_{i\,min} \leqslant X_i \leqslant X_{i\,max}, \quad (i = 1,2,\cdots,23) \\ \sigma_{t\,max}^{\mathrm{eq}} \leqslant 1.5\mathrm{MPa} \\ \sigma_{c\,max}^{\mathrm{eq}} \leqslant 6.25\mathrm{MPa} \\ \varphi \leqslant 100° \\ K_u \leqslant 0.3 \\ K_d \leqslant 0.25 \\ V \leqslant 80 \times 10^4 \mathrm{m}^3 \end{cases} \quad (3.25)$$

采用前文加速微种群遗传算法求解，优化体形及参数见表3.6及图3.1。

表 3.6　基于模糊贴进度的多目标优化方案拱坝体形参数

高程/m	拱冠梁/m		拱端厚度/m		拱冠曲率半径/m		半中心角/(°)	
	上游坐标	厚度	左岸	右岸	左岸	右岸	左岸	右岸
2102	0.000	9.364	10.714	10.960	171.479	194.169	42.772	39.753
2080	−8.486	14.347	14.451	14.804	148.427	165.979	44.139	42.098
2060	−14.666	17.847	18.128	19.025	132.803	144.794	44.921	43.967

续表

高程/m	拱冠梁/m		拱端厚度/m		拱冠曲率半径/m		半中心角/(°)	
	上游坐标	厚度	左岸	右岸	左岸	右岸	左岸	右岸
2040	−19.236	20.699	21.954	23.543	121.273	127.929	44.629	44.871
2020	−22.054	23.226	25.815	27.973	112.882	115.471	43.438	44.603
2000	−22.977	25.748	29.599	31.933	106.679	107.507	41.335	42.893
1980	−21.864	28.587	33.191	35.039	101.708	104.123	37.142	38.162
1960	−18.571	32.066	36.478	36.908	97.016	105.405	27.486	29.258
1947	−15.195	34.822	38.398	37.277	93.665	108.783	14.910	15.392

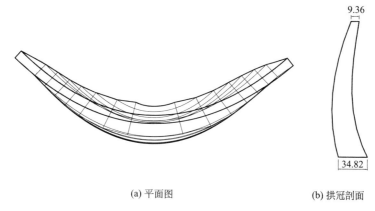

(a) 平面图　　　　　　(b) 拱冠剖面

图 3.1　基于模糊贴进度的多目标优化方案拱坝体形(单位：m)

3.3　基于灰色关联度的拱坝体形多目标优化设计

3.3.1　灰色系统与灰色关联度[5]

灰色系统理论是我国学者邓聚龙在国际上首次提出的，它在社会的各个领域，尤其在交叉学科中，得到了广泛应用，取得了良好的经济效益和社会效益。灰色系统指的是"部分信息已知、部分信息未知"的不确定性系统。灰色系统理论针对这样的系统，运用灰色系统方法和模型技术，通过对"部分"已知信息的生成，来开发、挖掘蕴藏在系统中的重要数据，实现对现实世界的正确描述和认识。灰色关联分析是灰色系统理论中十分活跃的一个分支，其基本思想是根据序列曲线的几何形状相似程度来判断不同序列之间的联系是否紧密。序列曲线的形状越接近，相应序列间的关联度就越大，反之就越小。灰色关联度是对序列间关联程度大小的量化表征，下面给出几种灰色关联度的计算方法。

设序列 $\boldsymbol{X}_i = \left(x_i(1), x_i(2), \cdots, x_i(n)\right)$，$\boldsymbol{X}_j = \left(x_j(1), x_j(2), \cdots, x_j(n)\right)$，邓聚龙定义 $\boldsymbol{X}_i$ 与 $\boldsymbol{X}_j$ 的灰色关联度为

$$\gamma_{ij} = \frac{1}{n}\sum_{k=1}^{n} \gamma_{ij}(k) \tag{3.26}$$

式中，$\gamma_{ij}(k)$ 为 k 点的关联系数，按式 (3.27) 计算

$$\gamma_{ij}(k) = \frac{\min_k \left|x_i(k) - x_j(k)\right| + \xi \max_k \left|x_i(k) - x_j(k)\right|}{\left|x_i(k) - x_j(k)\right| + \xi \max_k \left|x_i(k) - x_j(k)\right|} \tag{3.27}$$

这里，$\xi \in (0,1)$ 称为分辨系数。

刘思峰考察 $\boldsymbol{X}_i$ 与 $\boldsymbol{X}_j$ 的始点零化像

$$\boldsymbol{X}_i^0 = \left(x_i^0(1), x_i^0(2), \cdots, x_i^0(n)\right) = \left(x_i(1) - x_i(1), x_i(2) - x_i(1), \cdots, x_i(n) - x_i(1)\right)$$

和

$$\boldsymbol{X}_j^0 = \left(x_j^0(1), x_j^0(2), \cdots, x_j^0(n)\right) = \left(x_j(1) - x_j(1), x_j(2) - x_j(1), \cdots, x_j(n) - x_j(1)\right)$$

定义 $\boldsymbol{X}_i$ 与 $\boldsymbol{X}_j$ 的基于相似性视角的灰色关联度为

$$\varepsilon_{ij} = \frac{1}{1 + \left|s_i - s_j\right|} \tag{3.28}$$

式中，$\left|s_i - s_j\right| = \left| \sum_{k=2}^{n-1} \left[x_i^0(k) - x_j^0(k)\right] + \frac{1}{2}\left[x_i^0(n) - x_j^0(n)\right] \right|$。

ε_{ij} 反映了序列 $\boldsymbol{X}_i$ 与 $\boldsymbol{X}_j$ 在几何形状上的相似程度，不妨称为相似关联度。显然，$0 < \varepsilon_{ij} \leqslant 1$，$\boldsymbol{X}_i$ 与 $\boldsymbol{X}_j$ 在几何形状上越相似，ε_{ij} 越大，反之就越小。

类似式 (3.28)，考察序列 $\boldsymbol{X}_i$ 与 $\boldsymbol{X}_j$ 的原始数据，可定义基于接近性视角的灰色关联度为

$$\rho_{ij} = \frac{1}{1 + \left|S_i - S_j\right|} \tag{3.29}$$

式中，$\left|S_i - S_j\right| = \left| \frac{1}{2}\left[x_i(1) - x_j(1)\right] + \sum_{k=2}^{n-1}\left[x_i(k) - x_j(k)\right] + \frac{1}{2}\left[x_i(n) - x_j(n)\right] \right|$。

由定义可知，接近关联度 $0 < \rho_{ij} \leqslant 1$，可用于测度序列 $\boldsymbol{X}_i$ 与 $\boldsymbol{X}_j$ 在空间中的接近程度。$\boldsymbol{X}_i$ 与 $\boldsymbol{X}_j$ 越接近，ρ_{ij} 越大，反之就越小。

3.3.2 多目标优化问题的灰色关联度解法

对多目标优化问题式 (3.1)，将理想点目标函数向量 $\boldsymbol{F}^* = [f_1^*, f_2^*, \cdots, f_m^*]^\mathrm{T}$ 以及设计空间中任意一点 $\boldsymbol{X}$ 的目标函数向量 $\boldsymbol{F} = [f_1, f_2, \cdots, f_m]^\mathrm{T}$ 看作两个序列，显然，这两个序列位置越接近、形状越相似，$\boldsymbol{F}$ 越优。所以多目标优化问题式 (3.1) 可以

转化为极大化灰色关联度来求解，即

$$
\begin{cases}
\text{find} \ \ \boldsymbol{X} = \begin{bmatrix} x_1, & x_2, \cdots, & x_n \end{bmatrix}^{\mathrm{T}} \\
\max \ \ \gamma(\boldsymbol{F}^*, \boldsymbol{F}) \\
\text{s.t.} \ \ \ g_j(\boldsymbol{X}) \leqslant 0, \ \ (i = 1, 2, \cdots, q)
\end{cases}
\tag{3.30}
$$

式中，$\gamma(\boldsymbol{F}^*, \boldsymbol{F})$ 为式(3.26)或式(3.29)定义的灰色关联度。

需要强调的是，采用式(3.30)模型时，原多目标优化模型中的目标函数必须采用式(3.3)所示量纲一形式。

3.3.3 工程算例

对 3.2.3 节中拱坝优化模型式(3.19)，利用初始设计方案的目标函数值将各相应目标函数量纲一化，则拱坝多目标优化模型可表示为

$$
\begin{cases}
\text{find} \ \ \boldsymbol{X} = \begin{bmatrix} x_1, x_2, \cdots, x_{23} \end{bmatrix}^{\mathrm{T}} \\
\min \ \ \boldsymbol{F}(\boldsymbol{X}) = \begin{bmatrix} f_1(\boldsymbol{X}), f_2(\boldsymbol{X}), f_3(\boldsymbol{X}), f_4(\boldsymbol{X}) \end{bmatrix}^{\mathrm{T}} \\
\qquad\qquad = \begin{bmatrix} \dfrac{V}{80 \times 10^4}, \dfrac{\sigma_{\mathrm{t\,max}}}{3.44}, \dfrac{\sigma_{\mathrm{c\,max}}}{7.87}, \dfrac{d_{1.0}}{0.43} \end{bmatrix}^{\mathrm{T}} \\
\text{s.t.} \ \ \ X_{i\min} \leqslant X_i \leqslant X_{i\max}, \ \ (i = 1, 2, \cdots, 23) \\
\qquad \sigma_{\mathrm{t\,max}}^{\mathrm{eq}} \leqslant 1.5\mathrm{MPa} \\
\qquad \sigma_{\mathrm{c\,max}}^{\mathrm{eq}} \leqslant 6.25\mathrm{MPa} \\
\qquad \varphi \leqslant 100° \\
\qquad K_{\mathrm{u}} \leqslant 0.3 \\
\qquad K_{\mathrm{d}} \leqslant 0.25 \\
\qquad V \leqslant 80 \times 10^4 \,\mathrm{m}^3
\end{cases}
\tag{3.31}
$$

这时，理想点目标函数序列为 $\boldsymbol{F}^* = [0.9399, 0.8081, 0.8526, 0.8837]^{\mathrm{T}}$，其与任意一个设计方案的目标函数序列 $\boldsymbol{F}(\boldsymbol{X}) = [f_1(\boldsymbol{X}), f_2(\boldsymbol{X}), f_3(\boldsymbol{X}), f_4(\boldsymbol{X})]^{\mathrm{T}}$ 的接近关联度为

$$
\rho(\boldsymbol{F}^*, \boldsymbol{F}) = \cfrac{1}{1 + \left| \frac{1}{2}[f_1 - 0.9399] + [f_2 - 0.8081] + [f_3 - 0.8526] + \frac{1}{2}[f_4 - 0.8837] \right|}
\tag{3.32}
$$

则多目标优化模型(3.31)可转化为如下单目标优化问题

$$
\begin{cases}
\text{find } \boldsymbol{X} = \left[x_1, x_2, \cdots, x_{23} \right]^{\mathrm{T}} \\
\min \ \rho(\boldsymbol{F}^*, \boldsymbol{F}) \\
\text{s.t. } \ X_{i\min} \leqslant X_i \leqslant X_{i\max}, \quad (i = 1, 2, \cdots, 23) \\
\quad \sigma_{t\max}^{\mathrm{eq}} \leqslant 1.5\text{MPa} \\
\quad \sigma_{c\max}^{\mathrm{eq}} \leqslant 6.25\text{MPa} \\
\quad \varphi \leqslant 100° \\
\quad K_{\mathrm{u}} \leqslant 0.3 \\
\quad K_{\mathrm{d}} \leqslant 0.25 \\
\quad V \leqslant 80 \times 10^4\,\mathrm{m}^3
\end{cases}
\tag{3.33}
$$

采用前文加速微种群遗传算法求解，优化体形及参数见表 3.7 和图 3.2。

表 3.7　基于灰色关联度的多目标优化方案拱坝体形参数

高程/m	拱冠梁/m		拱端厚度/m		拱冠曲率半径/m		半中心角/(°)	
	上游坐标	厚度	左岸	右岸	左岸	右岸	左岸	右岸
2102	0.000	9.480	10.569	10.604	177.125	193.157	41.828	39.882
2080	−8.504	14.072	14.159	15.420	153.978	166.595	43.049	42.030
2060	−14.645	17.530	18.062	20.056	135.806	145.937	44.260	43.811
2040	−19.139	20.494	22.247	24.630	120.527	128.883	44.837	44.740
2020	−21.860	23.143	26.394	28.845	108.293	115.706	44.737	44.623
2000	−22.679	25.659	30.185	32.402	99.256	106.676	43.583	43.177
1980	−21.469	28.221	33.302	35.003	93.570	102.067	39.688	38.764
1960	−18.102	31.011	35.427	36.352	91.387	102.149	28.992	30.068
1947	−14.697	33.033	36.125	36.414	91.918	104.847	15.032	15.973

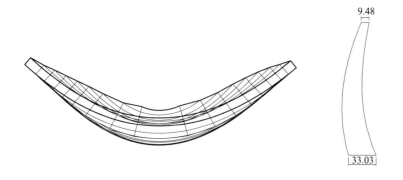

(a) 平面图　　　　　　　　　　(b) 拱冠剖面

图 3.2　基于灰色关联度的多目标优化方案拱坝体形(单位：m)

3.4 基于博弈论的拱坝体形多目标优化

3.4.1 多目标优化的合作博弈模型与 Nash 仲裁解法

博弈论是解决利益冲突问题的有效方法,可以分为非合作博弈与合作博弈两类[6]。非合作博弈中,各博弈方独立行动确定所采取的策略使自己的收益达到最大化,其结果可能对其他博弈方不利。合作博弈中,各博弈方组成联盟,通过协商,共同确定所要采取的策略,其结果对各博弈方来说不一定是其最优结果,但一定是可以接受的相对较优的结果,即合作博弈结果是一个 Pareto 最优解。

对多目标优化问题式(3.1),可以看成一个合作博弈问题,这里博弈方就是各个分目标 f_i,所有可行设计方案构成博弈策略集 S。若各分目标函数采用式(3.3)所示的规格化形式,则 $f_i(X)$ 的最大值为 1,即博弈方 f_i 所能接受的最坏结果是 1,所以可定义 f_i 的收益函数为 $u_i(X) = 1 - f_i(X)$,博弈方 f_i 参与博弈的目的就是要尽可能增大其收益 $u_i(X)$。该合作博弈问题可记为 $B(S; u_1, u_2, \cdots, u_m)$,多目标优化问题(3.1)就是求博弈问题 $B(S; u_1, u_2, \cdots, u_m)$ 的解。

对于合作博弈问题,Nash 给出了所谓"仲裁解法"[7]。引入一个"仲裁者",其收益取决于各方博弈的结果,当博弈方 f_i 的收益增大而其余博弈方收益不变时,"仲裁者"的收益 $C(X)$ 随着 $u_i(X)$ 的增大而增大,而且当两个博弈方完全相同时,它们对"仲裁者"的收益的影响也完全相同。因此可定义 $C(X)$ 为各博弈方收益函数的乘积,即

$$C(X) = \prod_{i=1}^{m} u_i(X) = \prod_{i=1}^{m} [1 - f_i(X)] \tag{3.34}$$

则求合作博弈问题 $B(S; u_1, u_2, \cdots, u_m)$ 的解就转化为如下单目标优化问题

$$\begin{cases} \text{find} \ \ X = \begin{bmatrix} x_1, \ x_2, \cdots, x_n \end{bmatrix}^{\mathrm{T}} \\ \max \ \ C(X) = \prod_{i=1}^{m} [1 - f_i(X)] \\ \text{s.t.} \ \ \ g_j(X) \leqslant 0, \ \ (i = 1, 2, \cdots, q) \end{cases} \tag{3.35}$$

3.4.2 工程算例

利用式(3.35)将多目标优化模型(3.31)转化为单目标优化问题

$$
\begin{cases}
\text{find} \quad \boldsymbol{X} = \left[x_1, x_2, \cdots, x_{23} \right]^{\mathrm{T}} \\
\max \quad C(\boldsymbol{X}) = \left(1 - \dfrac{V}{80 \times 10^4} \right)\left(1 - \dfrac{\sigma_{t\max}}{3.44} \right)\left(1 - \dfrac{\sigma_{c\max}}{7.87} \right)\left(1 - \dfrac{d_{1.0}}{0.43} \right) \\
\text{s.t.} \quad X_{i\min} \leqslant X_i \leqslant X_{i\max}, \quad (i = 1, 2, \cdots, 23) \\
\qquad \sigma_{t\max}^{\text{eq}} \leqslant 1.5\text{MPa} \\
\qquad \sigma_{c\max}^{\text{eq}} \leqslant 6.25\text{MPa} \\
\qquad \varphi \leqslant 100° \\
\qquad K_{\mathrm{u}} \leqslant 0.3 \\
\qquad K_{\mathrm{d}} \leqslant 0.25 \\
\qquad V \leqslant 80 \times 10^4 \, \text{m}^3
\end{cases}
\tag{3.36}
$$

采用前文加速微种群遗传算法求解,优化方案见表 3.8 和图 3.3。表 3.9 和表 3.10 分别列出模糊贴近度法、灰色关联度法以及合作博弈法所得优化结果的拱坝体形特征参数及各分目标函数值。

表 3.8　基于博弈论的多目标优化方案拱坝体形参数

高程/m	拱冠梁/m		拱端厚度/m		拱冠曲率半径/m		半中心角/(°)	
	上游坐标	厚度	左岸	右岸	左岸	右岸	左岸	右岸
2102	0.000	8.204	11.074	11.504	184.052	200.295	40.754	38.899
2080	−8.403	13.010	13.630	14.017	161.572	170.488	41.615	41.271
2060	−14.678	16.611	16.897	17.571	141.566	147.845	42.953	43.250
2040	−19.458	19.732	20.760	21.860	123.163	129.649	44.068	44.338
2020	−22.551	22.615	24.926	26.425	107.517	116.101	44.808	44.297
2000	−23.768	25.504	29.105	30.804	95.782	107.398	44.544	42.807
1980	−22.917	28.640	33.004	34.540	89.113	103.741	41.151	38.216
1960	−19.809	32.266	36.332	37.172	88.663	105.329	29.971	29.308
1947	−16.487	35.000	38.051	38.073	92.252	109.269	15.146	15.376

表 3.9　多目标优化拱坝体形特征参数

方法	体积/(10⁴m³)	拱冠梁顶厚/m	拱冠梁底厚/m	最大拱端厚度/m	最大中心角/(°)	上游倒悬度	下游倒悬度
模糊贴近度法	80.00	8.828	34.027	35.952	88.818	0.290	0.116
灰色关联度法	79.77	9.428	34.610	37.461	90.389	0.296	0.109
合作博弈法	76.77	8.204	35.000	38.073	89.105	0.297	0.171

表3.10 多目标优化目标函数值

方法	$V/(10^4 \mathrm{m}^3)$	$\sigma_{\mathrm{t\,max}}/\mathrm{MPa}$	$\sigma_{\mathrm{c\,max}}/\mathrm{MPa}$	$d_{1.0}$
模糊贴近度法	80.00	3.16	7.79	0.39
灰色关联度法	79.77	3.12	7.48	0.40
合作博弈法	76.77	3.23	7.25	0.40

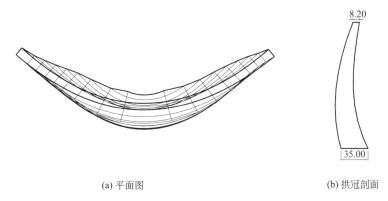

(a) 平面图 (b) 拱冠剖面

图3.3 基于博弈论的多目标优化方案拱坝体形(单位：m)

从表3.10可以看出，对于模糊贴近度法和灰色关联度法，优化结果的坝体体积目标都达到了最大容许值，并没有显示出优化效果；合作博弈法的计算结果中各目标函数均得到了优化，更好地达到了预期的多目标优化效果。参照文献[8]，定义设计质量指标Q为

$$Q = \frac{V}{V^*} + \frac{\sigma_{\mathrm{t\,max}}}{\sigma_{\mathrm{t\,max}}^*} + \frac{\sigma_{\mathrm{c\,max}}}{\sigma_{\mathrm{c\,max}}^*} + \frac{d_{\max}}{d_{\max}^*} \tag{3.37}$$

则模糊贴近度法、灰色关联度法和合作博弈法优化结果的设计质量指标分别为4.39、4.35和4.32，表明合作博弈法的优化结果要优于另外两种方法的结果。另外，模糊贴近度法和灰色关联度法还必须先求解各单目标优化问题以得到理想点目标函数向量，其工作量也远大于合作博弈法。

参 考 文 献

[1] 孙林松, 王德信, 裴开国. 以应力为目标的拱坝体型优化设计[J]. 河海大学学报(自然科学版), 2000, 28(1): 57-60.

[2] 汪树玉, 刘国华, 杜王盖, 等. 拱坝多目标优化的研究与应用[J]. 水利学报, 2001, 32(10): 48-53.

[3] 魏权龄, 王日爽, 徐兵. 数学规划引论[M]. 北京: 北京航空航天大学出版社, 1991: 440-443.

[4]　谢季坚, 刘承平. 模糊数学方法及其应用. 4 版[M]. 武汉: 华中科技大学出版社, 2015.

[5]　刘思峰, 杨英杰, 吴利丰, 等. 灰色系统理论及其应用. 7 版[M]. 北京: 科学出版社, 2014.

[6]　王则柯, 李杰. 博弈论教程[M]. 北京: 中国人民大学出版社, 2004: 28-32.

[7]　Nash J, JF. The bargaining problem[J]. Econometrica, 1950, 18(2): 155-162.

[8]　Spallino R, Rizzo S. Multi-objective discrete optimization of laminated structures [J]. Mechanics Research Communications, 2002, 29(1): 17-25.

4 拱坝体形稳健优化设计

现有的拱坝体形优化设计研究都是针对特定的设计条件进行的，而在具体实施过程中，实际地质条件、施工因素、封拱条件等往往会和设计条件有一些差别，拱坝建成后的运行情况和设计条件也可能存在一些差异，也就是说拱坝的设计条件存在一定的不确定性。工程设计中考虑不确定性的常用方法是基于数理统计与概率论的可靠度设计方法，然而朱伯芳院士多次强调，由于样本太少，难以给出不确定性因素的概率分布与统计参数，在混凝土坝设计中采用可靠度理论是不合适的[1,2]。目前常用的方法是通过将设计参数作适当的浮动来进行敏感性分析[3,4]。但这类方法实际上只是增加了几种可能方案，并没有完全考虑设计参数的不确定性。本章利用稳健设计的思想，介绍基础变形模量不确定条件下的拱坝体形稳健优化设计模型。

4.1 基础变形模量不确定条件下的拱坝最大有限元等效应力

4.1.1 有限元等效应力计算

对于拱坝这种高次超静定结构，采用有限元法进行分析计算是比较有效的。有限元法不但可以比较合理地考虑拱坝整体作用，而且还能进行各种复杂地基条件下的应力计算，这是目前采用的多拱梁法所不能完成的。然而在用有限元对大量拱坝的分析计算中发现，拱坝在接近基础部分存在着应力集中现象，应力数值随着网格加密急剧增加，尤其是有限元算出的拉应力有时远远超过混凝土的抗拉强度，因而很难直接用有限元计算结果来确定拱坝体形。因此，一些学者提出了有限元等效应力法，其基本思路是利用有限元计算的应力分量，沿单位高度的拱截面和单位宽度的梁截面进行积分，求出拱和梁内力，再用材料力学方法计算断面上的应力分量[5]。

1) 梁和拱的内力计算

设水平拱圈中心线上某点 O 处的拱向-梁向-径向坐标系(a-b-r)如图 4.1 所示，假定梁向应力沿 a 轴方向和拱向应力沿 b 轴方向的单位宽度内均匀分布，则图 4.2 和图 4.3 中所示单位宽度梁和拱的主要内力分别为

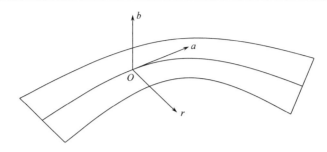

图 4.1　(a-b-r)局部坐标系

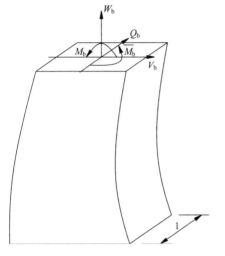

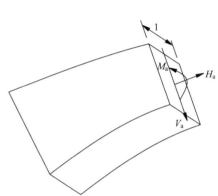

图 4.2　梁的主要内力　　　　　　　图 4.3　拱的主要内力

$$W_{\mathrm{b}} = \int_{-\frac{T}{2}}^{\frac{T}{2}} \sigma_{\mathrm{b}} \mathrm{d}r \qquad\qquad (4.1)$$

$$M_{\mathrm{b}} = \int_{-\frac{T}{2}}^{\frac{T}{2}} r\sigma_{\mathrm{b}} \mathrm{d}r \qquad\qquad (4.2)$$

$$Q_{\mathrm{b}} = \int_{-\frac{T}{2}}^{\frac{T}{2}} \tau_{\mathrm{ba}} \mathrm{d}r \qquad\qquad (4.3)$$

$$V_{\mathrm{b}} = \int_{-\frac{T}{2}}^{\frac{T}{2}} \tau_{\mathrm{br}} \mathrm{d}r \qquad\qquad (4.4)$$

$$\overline{M_{\mathrm{b}}} = \int_{-\frac{T}{2}}^{\frac{T}{2}} \tau_{\mathrm{ba}} r \mathrm{d}r \qquad\qquad (4.5)$$

$$H_a = \int_{-\frac{T}{2}}^{\frac{T}{2}} \sigma_a \mathrm{d}r \tag{4.6}$$

$$M_a = \int_{-\frac{T}{2}}^{\frac{T}{2}} \sigma_a r \mathrm{d}r \tag{4.7}$$

$$V_a = \int_{-\frac{T}{2}}^{\frac{T}{2}} \tau_{ar} \mathrm{d}r \tag{4.8}$$

式中，T 为坝体厚度；$\sigma_b, \sigma_a, \tau_{ba}, \tau_{br}$ 和 τ_{ar} 为 $a\text{-}b\text{-}r$ 坐标系中的有限元应力分量。

在具体计算上述拱、梁内力时，一般采用数值积分法。

2) 坝体等效应力计算

利用材料力学关于应力分布的假设，根据梁的竖向轴力 W_b 和梁的弯矩 M_b 可以得到上、下游面等效梁向正应力为

$$\begin{cases} \bar{\sigma}_b^U = \dfrac{W_b}{T} - \dfrac{6M_b}{T^2} \\[2mm] \bar{\sigma}_b^D = \dfrac{W_b}{T} + \dfrac{6M_b}{T^2} \end{cases} \tag{4.9}$$

式中，$\bar{\sigma}_b^U$、$\bar{\sigma}_b^D$ 分别为上、下游等效梁向正应力。

同样，根据拱的轴力 H_a、拱的弯矩 M_a 可得到上、下游面等效拱向正应力 $\bar{\sigma}_a^U$ 和 $\bar{\sigma}_a^D$ 为

$$\begin{cases} \bar{\sigma}_a^U = \dfrac{H_a}{T} - \dfrac{6M_a}{T^2} \\[2mm] \bar{\sigma}_a^D = \dfrac{H_a}{T} + \dfrac{6M_a}{T^2} \end{cases} \tag{4.10}$$

根据梁的切向剪力 Q_b 和梁的扭矩 $\overline{M_b}$ 得到上、下游面等效拱梁扭转切应力 $\bar{\tau}_{ab}^U$ 和 $\bar{\tau}_{ab}^D$ 为

$$\begin{cases} \bar{\tau}_{ab}^U = \dfrac{Q_b}{T} - \dfrac{6\overline{M_b}}{T^2} \\[2mm] \bar{\tau}_{ab}^D = \dfrac{Q_b}{T} + \dfrac{6\overline{M_b}}{T^2} \end{cases} \tag{4.11}$$

已知坝面的法向正应力为 $\sigma_n = -p$，这里 p 为坝面水压力，坝面内的切应力等于 0，坝面微元的平衡条件为

$$\begin{bmatrix} \sigma_n l \\ \sigma_n m \\ \sigma_n n \end{bmatrix} = \begin{bmatrix} \bar{\sigma}_a & \bar{\tau}_{ab} & \bar{\tau}_{ra} \\ \bar{\tau}_{ab} & \bar{\sigma}_b & \bar{\tau}_{br} \\ \bar{\tau}_{ra} & \bar{\tau}_{br} & \bar{\sigma}_r \end{bmatrix} \begin{bmatrix} l \\ m \\ n \end{bmatrix} \tag{4.12}$$

式中，l、m、n 为坝面外法向在 a-b-r 坐标系中的方向余弦。

由式(4.12)可得上下游坝面内的其他三个等效应力分量为

$$\begin{cases} \bar{\tau}_{ra} = \dfrac{l}{n}(\sigma_n - \bar{\sigma}_a) - \dfrac{m}{n}\bar{\tau}_{ab} \\[2mm] \bar{\tau}_{br} = \dfrac{m}{n}(\sigma_n - \bar{\sigma}_b) - \dfrac{l}{n}\bar{\tau}_{ab} \\[2mm] \bar{\sigma}_r = \sigma_n - \dfrac{l}{n}\bar{\tau}_{ra} - \dfrac{m}{n}\bar{\tau}_{br} \end{cases} \tag{4.13}$$

在求出坝体上、下游面的等效应力后，可计算出相应的主拉应力和主压应力。

4.1.2　计算拱坝最大有限元等效应力的最优化模型

拱坝是高次超静定结构，基础变形模量是影响坝体应力状态的重要因素[6]。目前，在拱坝体形设计中为了考虑基础变形模量的不确定性，常将基础变形模量作适当的浮动来进行多方案比较分析。由于基础地质条件的复杂性与不确定性，要准确确定基础变形模量的具体数值比较困难，但是要确定其变化范围相对容易一些。本书以基础变形模量为设计变量，以坝体特征应力为目标函数，采用最优化方法计算在基础变形模量可能变化范围内坝体的应力极值。该最优化问题的数学模型可表示为[7]

$$\begin{cases} \text{find} & \boldsymbol{E} = [E_1, \ E_2, \cdots, E_n]^{\mathrm{T}} \\ \max & \sigma(\boldsymbol{E}) \\ \text{s.t.} & E_i^{\mathrm{L}} \leqslant E_i \leqslant E_i^{\mathrm{U}}, \quad (i=1,2,\cdots,n) \\ & g_j(\boldsymbol{E}) \leqslant 0, \quad (j=1,2,\cdots,m) \end{cases} \tag{4.14}$$

式中，$E_i(i=1,2,\cdots,n)$ 为第 i 种基岩的变形模量，E_i^{L} 和 E_i^{U} 分别为其下限和上限；σ 为特定变形模量组合下坝体的特征应力，本书考虑最大有限元等效应力；$g_j(\boldsymbol{E}) \leqslant 0$ 为不同基岩变形模量之间应满足的条件。

由于在有限元等效应力法中，采用数值积分法计算单位宽度拱、梁的内力，所以很难在坝体最大有限元等效应力与基础变形模量之间给出一个明确的解析关系。本书采用响应面方法构造坝体最大有限元等效应力与基础变形模量之间的关系。

响应面方法的基本思想是构造一个简单的函数关系近似替代实际的复杂仿真模型，以方便进行分析计算和优化设计。这个函数关系即为响应面函数。

根据响应面函数形式的不同，响应面模型主要分为多项式响应面[8]、神经网络响应面[9]、Kriging 模型响应面[10]和径向基函数响应面[11]等。本书采用不包含交叉项的二阶多项式响应面，其数学模型可以表达为

$$y = \alpha_0 + \sum_{i=1}^{n} \alpha_i x_i + \sum_{i=1}^{n} \alpha_{ii} x_i^2 \tag{4.15}$$

式中，x_i 为与基础变形模量相关的设计因子；$\alpha_0, \alpha_i, \alpha_{ii}$ 为待定系数，一般通过试验设计方法选取若干样本进行数值仿真分析后，利用最小二乘法确定。

试验设计方法是一种为了使样本点较均匀地分布在设计空间，合理安排试验的数学方法。它是一种样本取样策略，决定了样本点的个数及其空间分布情况。常用的试验设计方法有正交试验设计与均匀试验设计[12]、中心复合试验设计[13]和拉丁超立方试验设计[14]等。

均匀设计具有试验点均匀分布在设计范围内和试验次数少的特点，在各个领域内得到了广泛的应用。均匀试验设计的基本思想是将试验点均匀分布在设计空间中，用较少的试验次数获得较多的信息量。在均匀设计中，每个因子的试验水平在试验空间内都是均匀分布的，每个水平仅做一次试验。也就是说，均匀设计的次数与设计因子的水平数一致，大大减少了试验次数。均匀试验设计法根据均匀设计表来安排试验[15]，均匀设计表形式上表示为 $U_A(p^q)$。其中，U 表示均匀设计表；A 为均匀试验次数，对应于均匀设计表的行数；p 为试验因子水平数；q 为设计因子的个数，对应于均匀设计表的列数。如 $U_7(7^4)$，它表示要做 7 次试验，共有 4 个因子，每个因子有 7 个水平。每个均匀设计表都有一个对应的使用表，如 5 因子 15 水平的均匀设计表 $U_{15}(15^5)$ 及其使用表分别见表 4.1 和表 4.2。

表 4.1 $U_{15}(15^5)$ 均匀设计表

试验次数	因子 1	因子 2	因子 3	因子 4	因子 5
1	1	4	7	11	13
2	2	8	14	7	11
3	3	12	6	3	9
4	4	1	13	14	7
5	5	5	5	10	5
6	6	9	12	6	3
7	7	13	4	2	1
8	8	2	11	13	14
9	9	6	3	9	12
10	10	10	10	5	10
11	11	14	2	1	8
12	12	3	9	12	6

续表

试验次数	因子1	因子2	因子3	因子4	因子5
13	13	7	1	8	4
14	14	11	8	4	2
15	15	15	15	15	15

表 4.2　　U$_{15}$(15^5) 的使用表

因子数		列号			偏差
2	1	4			0.1233
3	1	2	3		0.2043
4	1	2	3	5	0.2772

4.1.3　工程算例

1) 基本资料

某拟建拱坝，坝顶高程 834.0m，坝底高程为 545.0m，最大坝高 289.0m，拱坝采用椭圆体形。体形参数见表 4.3。坝基范围以微晶-隐晶玄武岩、杏仁状玄武岩及变玄武质角砾熔岩为主，岩体坚硬；坝基中下部柱状节理发育，岩体变形模量较低。地基岩体大致可概化为三类，岩体分区及变形参数见表 4.4。

表 4.3　拱坝体形参数

高程 /m	拱冠梁参数		左侧拱圈参数			右侧拱圈参数		
	上游面坐标/m	厚度/m	拱端厚度/m	拱冠曲率半径/m	半中心角/(°)	拱端厚度/m	拱冠曲率半径/m	半中心角/(°)
834.0	0.000	14.000	17.000	416.019	45.610	18.000	322.675	41.886
760.0	−35.405	44.698	51.651	318.139	48.235	52.578	236.728	47.780
640.0	−48.177	61.661	81.653	248.958	43.281	83.517	200.804	47.395
545.0	−38.166	70.000	72.610	159.165	11.632	76.594	200.525	20.235

表 4.4　基岩分区及变形参数

类型	分区	变形模量/MPa			泊松比
		上限	下限	设计值	
1	左岸585m 高程以下，右岸545m 高程以下及河床	13.0	19.0	16.0	0.25
2	左岸585~696m 高程、右岸545~600m 高程	8.0	12.0	10.0	0.25
3	左岸696~834m 高程、右岸600~834m 高程	10.0	16.0	13.0	0.22

考虑基岩性质的不同，三类基岩的变形模量 E_1、E_2 和 E_3 之间应满足下列关系

$$1.0 \leqslant E_3 - E_2 \leqslant 4.0 \tag{4.16}$$

$$1.0 \leqslant E_1 - E_3 \leqslant 4.0 \tag{4.17}$$

拱坝上游正常蓄水位 825.00m，相应下游水位 626.60m；上游淤沙高程 710.00m，淤沙浮容重 5.0kN/m^3，内摩擦角 $0°$。坝面边界温度及封拱温度见表 4.5、表 4.6 和表 4.7。

表 4.5　与空气接触的坝面边界温度　　　　　　（单位：℃）

多年平均气温	日照对多年平均温度的影响		气温年变幅		日照对气温年变幅的影响
	上游面	下游面	温升	温降	
21.7	3.0	1.5	5.4	8.3	1.0

表 4.6　与水接触的坝面边界温度　　　　　　（单位：℃）

多年平均表面水温	日照对多年平均表面水温的影响	表面水温年变幅		日照对表面水温年变幅的影响	库底水温	水垫塘底部水温
		温升	温降			
19.4	2.0	5.0	7.0	1.0	10.5	16.0

表 4.7　坝体封拱温度

高程/m	T_{m0}/℃	T_{d0}/℃	高程/m	T_{m0}/℃	T_{d0}/℃
834.0	16.0	0.0	640.0	13.0	0.0
800.0	16.0	0.0	610.0	12.0	0.0
760.0	14.0	0.0	580.0	12.0	0.0
720.0	14.0	0.0	550.0	12.0	0.0
680.0	13.0	0.0			

注：T_{m0} 为截面平均温度；T_{d0} 为等效线性温差。

2) 最大有限元等效应力响应面设计

由于变形模量 E_1、E_2 和 E_3 之间应满足式 (4.16) 和式 (4.17) 的约束，不宜直接采用作为设计因子，因此取设计因子为 $x_1 = E_2$，$x_2 = E_3 - E_2$，$x_3 = E_1 - E_3$。则每个设计因子只有界限约束，其取值范围分别为 $8.0 \leqslant x_1 \leqslant 12.0$，$1.0 \leqslant x_2 \leqslant 4.0$ 以及 $1.0 \leqslant x_3 \leqslant 4.0$。采用均匀试验设计方法选取样本点，其个数一般不少于设计因子的 5 倍，这里拟取 15 个样本点。在进行均匀试验抽样时对每个设计因子考虑 15 个设计水平，具体取值见表 4.8。

表 4.8　各设计因子的设计水平

水平数	x_1/MPa	x_2/MPa	x_3/MPa	水平数	x_1/MPa	x_2/MPa	x_3/MPa
1	8.0	1.0	1.0	9	10.3	2.7	2.7
2	8.3	1.2	1.2	10	10.6	2.9	2.9
3	8.6	1.4	1.4	11	10.9	3.1	3.1
4	8.9	1.6	1.6	12	11.1	3.4	3.4
5	9.1	1.9	1.9	13	11.4	3.6	3.6
6	9.4	2.1	2.1	14	11.7	3.8	3.8
7	9.7	2.3	2.3	15	12.0	4.0	4.0
8	10.0	2.5	2.5				

根据 $U_{15}(15^5)$ 均匀设计表及其使用表,可确定 15 个样本点试验方案见表 4.9,表中同时给出了在基本荷载组合"正常蓄水位+相应尾水位+自重+泥沙压力+设计温升"下,对应于每个试验方案的拱坝最大有限元等效应力数值计算结果。

表 4.9　试验方案与结果

试验方案	因子			最大等效拉应力 /MPa	最大等效压应力 /MPa
	x_1/MPa	x_2/MPa	x_3/MPa		
1	8.00	1.60	2.30	1.202	10.335
2	8.30	2.50	3.80	1.679	10.953
3	8.60	3.40	2.10	1.488	10.682
4	8.90	1.00	3.60	1.459	10.542
5	9.10	1.90	1.90	1.255	10.267
6	9.40	2.70	3.40	1.694	10.821
7	9.70	3.60	1.60	1.527	10.591
8	10.00	1.20	3.10	1.493	10.465
9	10.30	2.10	1.40	1.316	10.230
10	10.60	2.90	2.90	1.720	10.731
11	10.90	3.80	1.20	1.573	10.532
12	11.10	1.40	2.70	1.536	10.417
13	11.40	2.30	1.00	1.38	10.213
14	11.70	3.10	2.50	1.753	10.668
15	12.00	4.00	4.00	2.060	11.025

根据上述数值试验结果,经最小二乘回归分析可得拱坝最大有限元等效拉应力影响面方程为

$$y = -1.008 + 0.285x_1 + 0.192x_2 + 0.144x_3 - 0.0108x_1^2 - 0.0124x_2^2 + 0.00601x_3^2 \quad (4.18)$$

最大有限元等效压应力影响面方程为

$$y = 8.742 + 0.170x_1 + 0.305x_2 + 0.174x_3 - 0.00959x_1^2 - 0.0240x_2^2 + 0.00926x_3^2 \quad (4.19)$$

3) 基础变形模量变化范围内坝体最大有限元等效应力

将设计因子与基础变形模量之间的关系代入式(4.18)和式(4.19)，可得坝体最大有限元等效拉应力与基础变形模量之间的关系为

$$\begin{aligned} y(E_1, E_2, E_3) = &-1.008 + 0.144E_1 + 0.093E_2 + 0.048E_3 \\ &+ 0.00601E_1^2 - 0.0232E_2^2 - 0.00639E_3^2 \\ &+ 0.0248E_2E_3 - 0.01202E_1E_3 \end{aligned} \quad (4.20)$$

最大有限元等效压应力与基础变形模量之间的关系为

$$\begin{aligned} y(E_1, E_2, E_3) = &8.742 + 0.174E_1 - 0.135E_2 + 0.131E_3 \\ &+ 0.00926E_1^2 - 0.03359E_2^2 - 0.01474E_3^2 \\ &+ 0.0480E_2E_3 - 0.01852E_1E_3 \end{aligned} \quad (4.21)$$

基础变形模量变化范围内拱坝最大有限元等效应力的计算可转化为下列优化问题

$$\begin{cases} \text{find} & E_1, E_2, E_3 \\ \max & y(E_1, E_2, E_3) \\ \text{s.t.} & 13 \leqslant E_1 \leqslant 19 \\ & 8 \leqslant E_2 \leqslant 12 \\ & 10 \leqslant E_3 \leqslant 16 \\ & 1 \leqslant E_3 - E_2 \leqslant 4 \\ & 1 \leqslant E_1 - E_3 \leqslant 4 \end{cases} \quad (4.22)$$

式中，目标函数 $y(E_1, E_2, E_3)$ 采用式(4.20)和式(4.21)分别对应着求最大等效拉应力和最大等效压应力。

式(4.22)是一个二次规划问题，将式(4.20)和式(4.21)分别代入后可解得拱坝最大有限元等效拉应力为 2.06MPa，对应的基础变形模量组合为 E_1 =19.0GPa，E_2 =11.0GPa，E_3 =15.0GPa；最大有限元等效压应力为 11.18MPa，对应的基础变形模量组合为 E_1 =16.89GPa，E_2 =8.89GPa，E_3 =12.89GPa。

利用上述基础变形模量组合进行有限元数值分析得到的最大有限元等效拉应力与等效压应力分别为 2.01MPa 和 11.03MPa，响应面误差分别为 2.43% 和 1.34%。

4.2 考虑基础变形模量不确定性的拱坝稳健可行性优化

4.2.1 稳健优化设计与稳健可行性

稳健设计是由日本学者田口玄一(Taguchi)教授[16]提出的一种工程质量优化方法。其基本思想是要减小设计因素的不确定性对工程质量的影响。目前，稳健设计的研究方法大体可分为两大类：第一类以试验设计为基础，如田口方法、响应面法等，属于传统的稳健设计方法；第二类以工程模型为基础与优化技术相结合，主要有容差模型法、容差多面体法和灵敏度法等，称为现代的稳健设计方法。基于容差的稳健设计方法在设计中考虑设计参数的最大容差条件，从而在新的可行域中寻找最优解。灵敏度法中最常用的就是最小灵敏度法，其思想是在不考虑设计变量容差的前提下，通过选择合适的设计变量，使得设计方案对于不可控因素的灵敏度最小。

一般的工程优化设计问题可表示为

$$\begin{cases} \text{find} & \boldsymbol{x} \\ \min & f(\boldsymbol{x}, \boldsymbol{p}) \\ \text{s.t.} & g_i(\boldsymbol{x}, \boldsymbol{p}) \leqslant 0, \quad (i = 1, 2, \cdots, m) \\ & \boldsymbol{x}_{\mathrm{L}} \leqslant \boldsymbol{x} \leqslant \boldsymbol{x}_{\mathrm{U}} \end{cases} \tag{4.23}$$

式中，$\boldsymbol{x}$ 为设计变量；$\boldsymbol{p}$ 为设计参数；$f(\boldsymbol{x},\boldsymbol{p})$ 为目标函数；$g_i(\boldsymbol{x},\boldsymbol{p})$ 为约束条件；m 为约束条件数；$\boldsymbol{x}_{\mathrm{L}}$、$\boldsymbol{x}_{\mathrm{U}}$ 分别为设计变量的下限和上限。

由式(4.23)可以看出，一般情况下目标函数和约束条件都会受到设计因素(设计变量、设计参数)不确定性的影响。因此，从稳健性的角度看，稳健优化设计一般包含目标函数的稳健性和约束可行性的稳健性两个方面。对于稳健可行性分析常用的方法有最坏情况分析法[17]、灵敏域分析法[18]以及最大波动分析法[19]等。最坏情况分析法中约束函数的变差是各设计因素产生的约束函数变差的绝对值之和，这在一定程度上夸大了约束函数的变差；灵敏域分析法基于灵敏域的概念引入稳健可行性指标来表示一个可行设计在参数变化时的稳健性；最大波动分析法首先计算在不确定性因素的影响下约束的最大变化量，在优化模型中根据变化后的约束来分析设计方案的稳健可行性。由于本书主要考虑基础变形模量的不确定性，这里只考虑设计参数的不确定性，讨论基于最大波动分析的稳健可行性。

在确定性优化中，最优解通常在约束条件构成的可行域的边界上，以两个设计变量情况为例，如图4.4所示，假设在给定设计参数 $\boldsymbol{p}_0$ 情况下，g_1、g_2 为有效约束，则最优点为 P 点；当考虑设计参数的不确定性，假设 g_1', g_2' 为设计参数变化 $\delta\boldsymbol{p}$ 后的约束，显然最优点 P 不在变化后的约束 g_1', g_2' 所对应的可行域内。

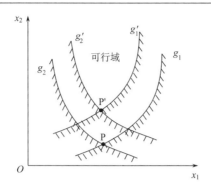

图 4.4　约束稳健可行性示意图

约束条件的稳健可行性，就是要在考虑不确定因素的影响时，设计方案能满足变化后的约束条件。为了满足约束稳健可行性，可以把约束的改变量添加到原约束中组成新的约束：

$$g(\boldsymbol{x}, \boldsymbol{p}_0) + \Delta g(\boldsymbol{x}, \boldsymbol{p}_0, \delta \boldsymbol{p}) \leqslant 0 \tag{4.24}$$

式中，$g(\boldsymbol{x}, \boldsymbol{p}_0)$ 为给定设计参数 $\boldsymbol{p}_0$ 下的约束函数；$\Delta g(\boldsymbol{x}, \boldsymbol{p}_0, \delta \boldsymbol{p})$ 是由设计参数变化 $\delta \boldsymbol{p}$ 所引起的相应约束变化量，可表示为

$$\Delta g(\boldsymbol{x}, \boldsymbol{p}_0, \delta \boldsymbol{p}) = g(\boldsymbol{x}, \boldsymbol{p}_0 + \delta \boldsymbol{p}) - g(\boldsymbol{x}, \boldsymbol{p}_0) \tag{4.25}$$

对给定的设计方案 $\boldsymbol{x}$，约束改变量 $\Delta g(\boldsymbol{x}, \boldsymbol{p}_0, \delta \boldsymbol{p})$ 是随着设计参数的改变量 $\delta \boldsymbol{p}$ 的变化而变化的。由式 (4.24) 可见，当 $\Delta g(\boldsymbol{x}, \boldsymbol{p}_0, \delta \boldsymbol{p})$ 取其在 $\delta \boldsymbol{p}$ 变化范围内的最大值时，可以保证设计方案的稳健可行性。故式 (4.24) 可改写为

$$g(\boldsymbol{x}, \boldsymbol{p}_0) + \max_{\delta \boldsymbol{p} \in [\Delta \boldsymbol{p}_L, \Delta \boldsymbol{p}_U]} \Delta g(\boldsymbol{x}, \boldsymbol{p}_0, \delta \boldsymbol{p}) \leqslant 0 \tag{4.26}$$

式中，$\Delta \boldsymbol{p}_L$、$\Delta \boldsymbol{p}_U$ 分别为设计参数变化量 $\delta \boldsymbol{p}$ 的下限和上限。

将式 (4.25) 代入式 (4.26) 可得

$$g(\boldsymbol{x}, \boldsymbol{p}_0) + \max_{\delta \boldsymbol{p} \in [\Delta \boldsymbol{p}_L, \Delta \boldsymbol{p}_U]} g(\boldsymbol{x}, \boldsymbol{p}_0 + \delta \boldsymbol{p}) - g(\boldsymbol{x}, \boldsymbol{p}_0)] \leqslant 0 \tag{4.27}$$

即

$$\max_{\delta \boldsymbol{p} \in [\Delta \boldsymbol{p}_L, \Delta \boldsymbol{p}_U]} g(\boldsymbol{x}, \boldsymbol{p}_0 + \delta \boldsymbol{p}) \leqslant 0 \tag{4.28}$$

式 (4.28) 就是考虑设计参数不确定性时的稳健可行性约束条件。设 $\boldsymbol{p}_L = \boldsymbol{p}_0 + \Delta \boldsymbol{p}_L$ 和 $\boldsymbol{p}_U = \boldsymbol{p}_0 + \Delta \boldsymbol{p}_U$ 分别为设计参数 $\boldsymbol{p}$ 的下限和上限，则式 (4.28) 可改写为

$$\max_{\boldsymbol{p} \in [\boldsymbol{p}_L, \boldsymbol{p}_U]} g(\boldsymbol{x}, \boldsymbol{p}) \leqslant 0 \tag{4.29}$$

4.2.2 考虑基础变形模量不确定性的拱坝体形稳健可行性优化设计模型

在特定设计条件下，常规的拱坝体形优化设计的数学模型可表示为

$$
\begin{cases}
\text{find} & \boldsymbol{X} = [x_1, x_2, \cdots, x_n]^{\mathrm{T}} \\
\min & V \\
\text{s.t.} & \sigma_{\mathrm{t\,max}}^{\mathrm{eq}} \leqslant [\sigma_{\mathrm{t\,max}}^{\mathrm{eq}}] \\
& \sigma_{\mathrm{c\,max}}^{\mathrm{eq}} \leqslant [\sigma_{\mathrm{c\,max}}^{\mathrm{eq}}] \\
& \varphi_{\max} \leqslant [\varphi_{\max}] \\
& g_j(\boldsymbol{X}) \leqslant 0, \quad (j=1,2,\cdots,p)
\end{cases}
\tag{4.30}
$$

式中，$\boldsymbol{X}$ 为由 n 个拱坝体形参数 $x_1, x_2, \cdots, x_n$ 构成的设计向量；V 为坝体体积；$\sigma_{\mathrm{t\,max}}^{\mathrm{eq}}$，$\sigma_{\mathrm{c\,max}}^{\mathrm{eq}}$ 及 $[\sigma_{\mathrm{t\,max}}^{\mathrm{eq}}]$，$[\sigma_{\mathrm{c\,max}}^{\mathrm{eq}}]$ 分别为坝体最大有限元等效拉、压应力及其容许值；$\varphi_{\max}$ 及 $[\varphi_{\max}]$ 为拱圈最大中心角及其容许值；$g_j(\boldsymbol{X})$ 为其他几何约束，如设计变量的界限约束、倒悬度约束和保凸约束等；p 为这类约束的数目。

式 (4.30) 中 $\sigma_{\mathrm{t\,max}}^{\mathrm{eq}}$ 和 $\sigma_{\mathrm{c\,max}}^{\mathrm{eq}}$ 是与基础变形模量有关的性能指标，当考虑基础变形模量的不确定性时，为了保证设计方案的稳健可行性，应力约束应采用稳健可行性约束条件。基础变形模量不确定条件下的拱坝体形稳健可行性优化设计模型为[20]

$$
\begin{cases}
\text{find} & \boldsymbol{X} = [x_1, x_2, \cdots, x_n]^{\mathrm{T}} \\
\min & V \\
\text{s.t.} & \max_{E} \sigma_{\mathrm{t\,max}}^{\mathrm{eq}}(\boldsymbol{X}, \boldsymbol{E}) \leqslant [\sigma_{\mathrm{t\,max}}^{\mathrm{eq}}] \\
& \max_{E} \sigma_{\mathrm{c\,max}}^{\mathrm{eq}}(\boldsymbol{X}, \boldsymbol{E}) \leqslant [\sigma_{\mathrm{c\,max}}^{\mathrm{eq}}] \\
& \varphi_{\max} \leqslant [\varphi_{\max}] \\
& g_j(\boldsymbol{X}) \leqslant 0, \quad (j=1,2,\cdots,p)
\end{cases}
\tag{4.31}
$$

式中，$\boldsymbol{E}$ 为由基础变形模量构成的向量。

式 (4.31) 表示的是一个双层优化问题，对外层优化，本文采用加速微种群遗传算法求解；内层优化问题是求解最大有限元等效应力关于基础变形模量的极值，采用上一节方法求解。

4.2.3 工程算例

拱坝初始设计体形及基本资料见 4.1.3 节。

1）优化模型

本书在优化过程中取 4 个控制高程处的拱冠梁与拱圈体形参数为设计变量，具体分布见表 4.10。

表 4.10 设计变量的选取及初始值

高程 /m	拱冠梁参数		左侧拱圈参数			右侧拱圈参数		
	上游面坐标/m	厚度/m	拱端厚度/m	拱冠曲率半径/m	半中心角/(°)	拱端厚度/m	拱冠曲率半径/m	半中心角/(°)
834.0		x_4	x_8	x_{12}	x_{16}	x_{20}	x_{24}	x_{28}
760.0	x_1	x_5	x_9	x_{13}	x_{17}	x_{21}	x_{25}	x_{29}
640.0	x_2	x_6	x_{10}	x_{14}	x_{18}	x_{22}	x_{26}	x_{30}
545.0	x_3	x_7	x_{11}	x_{15}	x_{19}	x_{23}	x_{27}	x_{31}

优化过程中，约束条件主要包括设计变量界限约束（表 4.11）、上游倒悬度约束 $K_u \leqslant 0.35$、下游倒悬度约束 $K_d \leqslant 0.30$、最大中心角约束 $\varphi_{max} \leqslant 100°$ 以及应力约束等。结构应力分析采用有限单元法，坝体沿高度方向分 12 层单元，沿厚度方向分 4 层单元；计算荷载组合为"正常蓄水位+相应下游水位+淤沙压力+坝体自重+温降"。采用有限元等效应力表示应力约束条件，要求有限元等效主拉应力不超过 1.5MPa，有限元等效主压应力不超过 10MPa。

表 4.11 设计变量取值范围

高程 /m	拱冠梁参数		左侧拱圈参数			右侧拱圈参数		
	上游面顺河向坐标/m	厚度/m	拱端厚度/m	拱冠曲率半径/m	半中心角/(°)	拱端厚度/m	拱冠曲率半径/m	半中心角/(°)
834.0	0.0~0.0	10.0~20.0	12.0~30.0	300.0~500.0	35.0~55.0	12.0~25.0	200.0~400.0	35.0~55.0
760.0	−40.0~−20.0	35.0~50.0	35.0~60.0	200.0~400.0	35.0~55.0	35.0~60.0	150.0~350.0	35.0~55.0
640.0	−60.0~−40.0	50.0~70.0	55.0~85.0	150.0~350.0	35.0~50.0	55.0~85.0	150.0~350.0	35.0~50.0
545.0	−50.0~−30.0	60.0~80.0	55.0~85.0	50.0~250.0	10.0~30.0	55.0~85.0	100.0~300.0	10.0~30.0

2）优化结果分析

优化设计方案的拱坝体形参数见表 4.12。表 4.13 对比了稳健可行性优化设计方案与初始设计方案的拱坝体形主要特征参数，同时也列出了在设计基础变形模量条件下进行的确定性优化设计方案的相应参数。三个设计方案的拱冠梁形状对比如图 4.5 所示。表 4.14 给出了不同设计方案拱坝在设计基础变形模量条件下的

最大主拉应力 $\sigma_{t\,max}$、最大主压应力 $\sigma_{c\,max}$、最大顺河向位移 $u_{z\,max}$ 和最大有限元等效主拉应力 $\sigma_{t\,max}^{eq}$、最大有限元等效主压应力 $\sigma_{c\,max}^{eq}$ 等性能指标以及考虑基础变形模量不确定性时的最大有限元等效主拉应力 $\bar{\sigma}_{t\,max}^{eq}$ 和最大有限元等效主压应力 $\bar{\sigma}_{c\,max}^{eq}$。可以看出，稳健可行性优化设计方案拱冠梁上游倒悬度和拱圈中心角均有所增加，拱冠梁进一步倾向上游侧，体形的这些变化有助于改善坝体的应力状态，提高其对基础变形模量的稳健性。虽然从坝体体积来看，稳健可行性优化设计方案只是比初始设计方案略有减小，但稳健优化方案的应力状态有了较好的改善。在设计基础变形模量条件下的坝体最大主拉应力减小了 4%，最大主压应力减小了 1.50MPa，约 9%；而且当考虑基础变形模量的不确定性，基础变形模量在其可能变化范围内变化时，稳健可行性优化方案都能满足应力约束的要求。在设计变形模量条件下进行的确定性优化设计方案与稳健优化方案相比，减小了拱端厚度和拱圈中心角，使坝体体积减小了 $60.32\times10^4\,m^3$，但是坝体的应力水平有所提高，其对基础变形模量的变化也比较敏感。当考虑基础变形模量不确定性时，最大有限元等效主拉应力为 1.96MPa，超过容许应力达 30.7%。

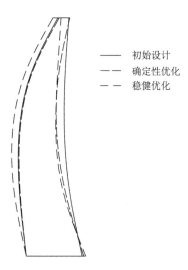

图 4.5　拱冠梁形状对比

　　可见，通常在设计基础变形模量条件下进行的拱坝体形确定性优化设计，虽然坝体体积可以得到更大幅度的减小，但由于最优解一般出现在可行域边界上，这类设计往往是比较脆弱的，当基础变形模量发生变化时，应力约束条件常常得不到满足。在拱坝体形优化设计中，考虑设计条件的不确定性，进行稳健优化设计是很有必要的。

表 4.12 稳健可行性优化设计方案拱坝体形参数

高程 /m	拱冠梁参数		左侧拱圈参数			右侧拱圈参数		
	上游面坐标/m	厚度/m	拱端厚度/m	拱冠曲率半径/m	半中心角/(°)	拱端厚度/m	拱冠曲率半径/m	半中心角/(°)
834.0	0.000	10.049	12.000	473.66	45.070	13.737	315.40	40.191
760.0	−36.920	42.532	45.006	386.08	51.002	50.480	237.68	46.734
640.0	−49.682	59.565	80.697	229.20	44.127	82.477	164.00	49.819
545.0	−32.137	74.376	74.983	184.46	10.008	80.616	212.71	24.470

表 4.13 不同设计方案的拱坝体形特征参数对比

设计方案	体积 /$10^4 m^3$	拱冠梁顶厚/m	拱冠梁底厚/m	最大拱端厚度/m	最大中心角/(°)	上游倒悬度	下游倒悬度
初始设计	800.47	14.000	70.000	83.517	96.015	0.13	0.09
确定性优化	740.15	10.000	80.000	80.522	95.037	0.18	0.12
稳健可行性优化	794.19	10.049	74.376	82.477	97.736	0.27	0.05

表 4.14 不同设计方案的拱坝性能指标对比

设计方案	$\sigma_{t\,max}$ /MPa	$\sigma_{c\,max}$ /MPa	$u_{z\,max}$ /cm	$\sigma_{t\,max}^{eq}$ /MPa	$\bar{\sigma}_{t\,max}^{eq}$ /MPa	$\sigma_{c\,max}^{eq}$ /MPa	$\bar{\sigma}_{c\,max}^{eq}$ /MPa
初始设计	3.45	16.65	11.42	1.66	2.06	10.34	11.18
确定性优化	3.40	15.74	12.81	1.49	1.96	9.98	10.54
稳健可行性优化	3.31	15.05	11.95	1.23	1.48	9.32	10.00

4.3 基于应变能的拱坝体形稳健优化设计

前文在以坝体体积为目标函数的拱坝体形优化设计中引入稳健可行性约束，建立了考虑基础变形模量不确定性的拱坝稳健可行性优化设计模型。由于应变能是反应坝体安全性能的综合指标[21]，本节以坝体应变能为优化目标函数，进一步考虑目标函数的稳健性，建立基于应变能的拱坝体形稳健优化设计模型，并结合工程实例进行分析。

4.3.1 基于应变能的拱坝体形稳健优化模型

通常情况下，拱坝体形优化设计是在类型、材料、布局已定的情况下，对拱坝几何形状进行优化设计，其数学模型可表示为

$$\begin{cases} \text{find} \quad \boldsymbol{X} = [x_1, x_2, \cdots, x_n]^{\mathrm{T}} \\ \min \quad F(\boldsymbol{X}) \\ \text{s.t.} \quad \sigma_{\mathrm{t\,max}}^{\mathrm{eq}} \leqslant [\sigma_{\mathrm{t\,max}}^{\mathrm{eq}}] \\ \qquad\quad \sigma_{\mathrm{c\,max}}^{\mathrm{eq}} \leqslant [\sigma_{\mathrm{c\,max}}^{\mathrm{eq}}] \\ \qquad\quad \varphi_{\max} \leqslant [\varphi_{\max}] \\ \qquad\quad g_j(\boldsymbol{X}) \leqslant 0, \quad (j=1,2,\cdots,p) \end{cases} \tag{4.32}$$

式中，x_i(i=1,2,$\cdots$,n)为由拱坝体形参数构成的设计变量；$F(\boldsymbol{X})$为目标函数；$\sigma_{\mathrm{t\,max}}^{\mathrm{eq}}$，$\sigma_{\mathrm{c\,max}}^{\mathrm{eq}}$ 及 $[\sigma_{\mathrm{t\,max}}^{\mathrm{eq}}]$, $[\sigma_{\mathrm{c\,max}}^{\mathrm{eq}}]$ 分别为坝体最大有限元等效拉、压应力及其容许值；$\varphi_{\max}$ 及$[\varphi_{\max}]$为拱圈最大中心角及其容许值；$g_j(\boldsymbol{X})$(j=1,2,$\cdots$,p)为其他几何约束，如设计变量的界限约束、倒悬度约束和保凸约束等。

考虑基础变形模量的不确定性，为保证约束可行性的稳健性，将式(4.32)中的应力约束改为

$$\begin{cases} \max_{\boldsymbol{E}} \sigma_{\mathrm{t\,max}}^{\mathrm{eq}}(\boldsymbol{X}, \boldsymbol{E}) \leqslant [\sigma_{\mathrm{t\,max}}^{\mathrm{eq}}] \\ \max_{\boldsymbol{E}} \sigma_{\mathrm{c\,max}}^{\mathrm{eq}}(\boldsymbol{X}, \boldsymbol{E}) \leqslant [\sigma_{\mathrm{c\,max}}^{\mathrm{eq}}] \end{cases} \tag{4.33}$$

式中，$\max\limits_{\boldsymbol{E}} \sigma_{\mathrm{c\,max}}^{\mathrm{eq}}(\boldsymbol{X}, \boldsymbol{E})$ 和 $\max\limits_{\boldsymbol{E}} \sigma_{\mathrm{t\,max}}^{\mathrm{eq}}(\boldsymbol{X}, \boldsymbol{E})$ 分别为基础变形模量不确定条件下的最大等效压应力和最大等效拉应力；$\boldsymbol{E} = [E_1, E_2, \cdots, E_m]^{\mathrm{T}}$ 为基础变形模量。

目标函数的稳健性可用其对不确定设计因素的灵敏度的绝对值来描述，灵敏度的绝对值越小说明目标函数对该设计因素越不敏感，即稳健性越好。当目标函数为坝体应变能 Π，不确定设计因素为坝基岩体变形模量 E_i(i=1,2,$\cdots$,m)，则 $\left|\dfrac{\partial \Pi}{\partial E_i}\right|$ 越小，目标函数的稳健性越好。

综合以上分析，基础变形模量不确定条件下基于坝体应变能的拱坝体形稳健优化模型可概括为[22-24]

$$\begin{cases} \text{find} \quad \boldsymbol{X} = [x_1, \ x_2, \cdots, \ x_n]^{\mathrm{T}} \\ \min \quad \boldsymbol{F}(\boldsymbol{X}) = \left[\Pi, \left|\dfrac{\partial \Pi}{\partial E_1}\right|, \left|\dfrac{\partial \Pi}{\partial E_2}\right|, \cdots, \left|\dfrac{\partial \Pi}{\partial E_m}\right| \right]^{\mathrm{T}} \\ \text{s.t.} \quad \max\limits_{\boldsymbol{E}} \sigma_{\mathrm{t\,max}}^{\mathrm{eq}}(\boldsymbol{X}, \boldsymbol{E}) \leqslant [\sigma_{\mathrm{t\,max}}^{\mathrm{eq}}] \\ \qquad\quad \max\limits_{\boldsymbol{E}} \sigma_{\mathrm{c\,max}}^{\mathrm{eq}}(\boldsymbol{X}, \boldsymbol{E}) \leqslant [\sigma_{\mathrm{c\,max}}^{\mathrm{eq}}] \\ \qquad\quad \varphi_{\max} \leqslant [\varphi_{\max}] \\ \qquad\quad g_j(\boldsymbol{X}) \leqslant 0, \quad (i=1,2,\cdots,p) \end{cases} \tag{4.34}$$

4.3.2　坝体应变能对基础变形模量的灵敏度

应变能是结构变形过程中存贮在内部的能量，在有限元分析中，结构整体应变能可以由单元应变能叠加累积而成，即

$$\Pi = \sum_e \Pi_e = \sum_e \frac{1}{2} \boldsymbol{u}_e^{\mathrm{T}} \boldsymbol{k}_e \boldsymbol{u}_e \tag{4.35}$$

式中，Π 和 Π_e 分别为结构整体应变能和单元应变能；$\boldsymbol{u}_e$ 为单元节点位移列阵；$\boldsymbol{k}_e$ 为单元劲度矩阵。

将式(4.35)两边分别对弹性模量 E 求导得

$$\frac{\partial \Pi}{\partial E} = \sum_e \left[\left(\frac{\partial \boldsymbol{u}_e}{\partial E} \right)^{\mathrm{T}} \boldsymbol{k}_e \boldsymbol{u}_e + \frac{1}{2} \boldsymbol{u}_e^{\mathrm{T}} \frac{\partial \boldsymbol{k}_e}{\partial E} \boldsymbol{u}_e \right] \tag{4.36}$$

式中，$\dfrac{\partial \boldsymbol{k}_e}{\partial E}$ 为单元劲度矩阵对弹性模量 E 的偏导数，有

$$\frac{\partial \boldsymbol{k}_e}{\partial E} = \begin{cases} \dfrac{1}{E} \boldsymbol{k}_e, & E\text{是单元}e\text{的弹性模量} \\ 0, & E\text{不是单元}e\text{的弹性模量} \end{cases} \tag{4.37}$$

当 Π 为坝体应变能，E_i 为坝基第 i 类岩体的变形模量时，有

$$\frac{\partial \Pi}{\partial E_i} = \sum_e \left(\frac{\partial \boldsymbol{u}_e}{\partial E_i} \right)^{\mathrm{T}} \boldsymbol{k}_e \boldsymbol{u}_e = \sum_e \left(\frac{\partial \boldsymbol{u}_e}{\partial E_i} \right)^{\mathrm{T}} \boldsymbol{F}_e \tag{4.38}$$

式中，$\sum\limits_e$ 为对坝体单元求和；$\boldsymbol{F}_e = \boldsymbol{k}_e \boldsymbol{u}_e$ 为单元节点力向量。

拱坝结构有限元静力平衡方程为

$$\boldsymbol{K}\boldsymbol{u} = \boldsymbol{F} \tag{4.39}$$

式中，$\boldsymbol{K}$ 为整体劲度矩阵；$\boldsymbol{u}$ 为整体节点位移列阵；$\boldsymbol{F}$ 为整体节点等效荷载列阵。

将式(4.39)两端分别对基础变形模量 E_i 求导得

$$\frac{\partial \boldsymbol{K}}{\partial E_i} \boldsymbol{u} + \boldsymbol{K} \frac{\partial \boldsymbol{u}}{\partial E_i} = 0 \tag{4.40}$$

则

$$\frac{\partial \boldsymbol{u}}{\partial E_i} = -\boldsymbol{K}^{-1} \frac{\partial \boldsymbol{K}}{\partial E_i} \boldsymbol{u} \tag{4.41}$$

式中，$\dfrac{\partial \boldsymbol{K}}{\partial E_i} \boldsymbol{u}$ 可以按照单元计算后叠加，即 $\dfrac{\partial \boldsymbol{K}}{\partial E_i} \boldsymbol{u} = \sum\limits_e \dfrac{\partial \boldsymbol{k}_e}{\partial E_i} \boldsymbol{u}_e$。由式(4.37)可知，当 E_i 不是单元 e 的变形模量时，$\dfrac{\partial \boldsymbol{k}_e}{\partial E_i} \boldsymbol{u}_e = 0$；当 E_i 是单元 e 的变形模量时，

$$\frac{\partial \boldsymbol{k}_e}{\partial E_i} \boldsymbol{u}_e = \frac{1}{E_i} \boldsymbol{k}_e \boldsymbol{u}_e = \frac{1}{E_i} \boldsymbol{F}_e \text{。}$$

综合以上分析，坝体应变能 Π 对基础变形模量 E_i 的灵敏度计算过程如下：

(1) 对所有变形模量为 E_i 的单元循环计算单元节点力，并累积求和计算伪载荷列阵 $\overline{\boldsymbol{F}} = -\frac{1}{E_i} \sum_e \boldsymbol{F}_e$。

(2) 计算节点位移对 E_i 的偏导数 $\dfrac{\partial \boldsymbol{u}}{\partial E_i} = \boldsymbol{K}^{-1} \overline{\boldsymbol{F}}$。

(3) 对所有坝体单元循环，提取单元节点力 $\boldsymbol{F}_e$，并按式 (4.38) 计算坝体应变能对基础变形模量 E_i 的灵敏度 $\dfrac{\partial \Pi}{\partial E_i} = \sum_e \left(\dfrac{\partial \boldsymbol{u}_e}{\partial E_i} \right)^{\mathrm{T}} \boldsymbol{F}_e$。

4.3.3 工程算例

对 4.1.3 节中的拱坝，基于应变能的拱坝体形优化设计模型可表示为

$$
\left\{
\begin{array}{l}
\text{find} \ \ \boldsymbol{X} = \begin{bmatrix} x_1, & x_2, \cdots, & x_{31} \end{bmatrix}^{\mathrm{T}} \\[2mm]
\text{min} \ \ \boldsymbol{F}(\boldsymbol{X}) = \begin{bmatrix} \Pi, & \left| \dfrac{\partial \Pi}{\partial E_1} \right|, & \left| \dfrac{\partial \Pi}{\partial E_2} \right|, & \left| \dfrac{\partial \Pi}{\partial E_3} \right| \end{bmatrix}^{\mathrm{T}} \\[4mm]
\text{s.t.} \ \ x_i^{\mathrm{L}} \leqslant x_i \leqslant x_i^{\mathrm{U}}, \ \ (i = 1, 2, \cdots, 31) \\[2mm]
\qquad \max_{E_1, E_2, E_3} \sigma_{\mathrm{t\,max}}^{\mathrm{eq}}(\boldsymbol{X}, E_1, E_2, E_3) \leqslant 1.5\mathrm{MPa} \\[3mm]
\qquad \max_{E_1, E_2, E_3} \sigma_{\mathrm{c\,max}}^{\mathrm{eq}}(\boldsymbol{X}, E_1, E_2, E_3) \leqslant 10\mathrm{MPa} \\[3mm]
\qquad V \leqslant 850 \times 10^4 \, \mathrm{m}^3 \\[2mm]
\qquad \varphi_{\max} \leqslant 100° \\[2mm]
\qquad K_u \leqslant 0.30 \\[2mm]
\qquad K_d \leqslant 0.25 \\[2mm]
\qquad 13.0\mathrm{MPa} \leqslant E_1 \leqslant 19.0\mathrm{MPa} \\[2mm]
\qquad 8.0\mathrm{MPa} \leqslant E_2 \leqslant 12.0\mathrm{MPa} \\[2mm]
\qquad 10.0\mathrm{MPa} \leqslant E_3 \leqslant 16.0\mathrm{MPa} \\[2mm]
\qquad 1.0\mathrm{MPa} \leqslant E_1 - E_3 \leqslant 4.0\mathrm{MPa} \\[2mm]
\qquad 1.0\mathrm{MPa} \leqslant E_3 - E_2 \leqslant 19.0\mathrm{MPa}
\end{array}
\right.
\tag{4.42}
$$

式中，设计变量 x_i 及其上、下限 x_i^{U} 和 x_i^{L} 同 4.2.3 节。

式 (4.42) 是一个多目标优化问题，采用 3.4 节合作博弈方法转化为单目标优化问题求解。优化方案拱坝体形参数见表 4.15。表 4.16 和 表 4.17 对比了优化设计方案与初始设计方案的体形特征参数和主要性能指标。可以看出，优化体形的

应变能及其对基础变形模量的灵敏度均得到了不同程度的降低，尤其是对相对较弱的第二类岩体，其灵敏度降低了 9.58%，坝体应力状态得到了改善。

表 4.15 应变能稳健优化设计方案拱坝体形参数

高程 /m	拱冠梁参数		左侧拱圈参数			右侧拱圈参数		
	上游面坐标/m	厚度/m	拱端厚度/m	拱冠曲率半径/m	半中心角/(°)	拱端厚度/m	拱冠曲率半径/m	半中心角/(°)
834.0	0.000	15.001	19.990	481.917	46.908	20.673	320.223	49.073
760.0	−36.408	45.410	46.410	332.842	49.590	47.761	224.995	49.967
640.0	−45.839	69.900	83.500	240.508	42.862	84.000	166.954	49.166
545.0	−35.005	76.962	80.936	169.464	15.755	80.200	174.351	30.000

表 4.16 不同设计方案的拱坝体形特征参数对比

设计方案	体积/(10⁴m³)	拱冠梁顶厚/m	拱冠梁底厚/m	最大拱端厚度/m	最大中心角/(°)	上游倒悬度	下游倒悬度
初始设计	800.47	14.000	70.000	83.517	96.015	0.13	0.09
稳健优化	840.01	15.001	76.962	84.000	99.557	0.11	0.20

表 4.17 不同设计方案的拱坝性能指标对比

设计方案	P/GJ	$\left|\frac{\partial \Pi}{\partial E_1}\right|$/(J/Pa)	$\left|\frac{\partial \Pi}{\partial E_2}\right|$/(J/Pa)	$\left|\frac{\partial \Pi}{\partial E_3}\right|$/(J/Pa)	$\sigma_{t\,max}$/MPa	$\sigma_{c\,max}$/MPa	$u_{z\,max}$/cm	$\sigma_{t\,max}^{eq}$/MPa	$\bar{\sigma}_{t\,max}^{eq}$/MPa	$\sigma_{c\,max}^{eq}$/MPa	$\bar{\sigma}_{c\,max}^{eq}$/MPa
初始设计	4.07	0.3086	0.2411	0.1011	3.45	16.65	11.42	1.66	2.06	10.34	11.18
稳健优化	3.86	0.2959	0.2180	0.0882	3.08	15.60	9.39	1.23	1.48	9.51	10.00

参 考 文 献

[1] 朱伯芳. 关于可靠度理论应用于混凝土坝设计的问题[J]. 土木工程学报, 1999, 32(4): 10-15.
[2] 朱伯芳. 当前混凝土坝设计的几个问题[J]. 水利学报, 2009, 40(1): 1-9.
[3] 计家荣, 丁予通. 二滩拱坝设计与优化[J]. 水力发电, 1998, (7): 25-28.
[4] 陈丽萍, 尤林. 溪洛渡混凝土双曲拱坝的体型设计[J]. 水电站设计, 2006, 22(2): 18-21.
[5] 朱伯芳, 高季章, 陈祖煜, 等. 拱坝设计与研究[M]. 北京: 中国水利水电出版社, 2002.
[6] 王志强, 李同春, 沈德才. 基于弹性有限元的高拱坝安全度敏感性分析[J]. 水电能源科学, 2011, 29(7): 50-52.
[7] 孙林松, 孔德志. 基础变形模量不确定条件下拱坝最大有限元等效应力分析[J]. 河海大学

学报(自然科学版), 2012, 40(5): 530-533.

[8]　Gupta S, Manohar C S. An improved response surface method for the determination of failure probability and importance measures[J]. Structural Safety, 2004, 26(2): 123-139.

[9]　蒙文巩, 马东立, 楚亮. 基于神经网络响应面的机翼气动稳健性优化设计[J]. 航空学报, 2010, 31(6): 1134-1140.

[10]　张崎, 李兴斯. 基于 Kriging 模型的结构可靠性分析[J]. 计算力学学报, 2006, 23(2): 175-179.

[11]　安治国, 周杰, 赵军, 等. 基于径向基函数响应面法的板料成形仿真研究[J]. 系统仿真学报, 2009, 21(6): 1557-1561.

[12]　方开泰, 马长兴. 正交与均匀试验设计[M]. 北京: 科学出版社, 2001.

[13]　Ren W X, Chen H B. Finite element model updating in structural dynamics by using the response surface method [J]. Engineering Structures, 2010, 32(8): 2455-2465.

[14]　Helton J C, Davis F J. Latin hypercube sampling and the propagation of uncertainty in analyses of complex systems [J]. Reliability Engineering & System Safety, 2003, 81(1): 23-69.

[15]　方开泰. 均匀设计与均匀设计表[M]. 北京: 科学出版社, 1994.

[16]　Taguchi G. Quality Engineering Through Design Optimization [M]. New York: Krauss International Press, 1986.

[17]　陈立周. 稳健设计[M]. 北京: 机械工业出版社, 2000: 209-210.

[18]　Gunawan S, Azarm S. A feasibility robust optimization method using sensitivity region concept [J]. Journal of Mechanical Design, 2005, 127: 858 - 865.

[19]　许焕卫, 黄洪钟, 何俐萍. 稳健设计中的稳健可行性分析[J]. 清华大学学报(自然科学版), 2007, 47(S2): 1721-1724.

[20]　孙林松, 孔德志. 基础变形模量不确定条件下的拱坝体形稳健可行性优化设计[J]. 水利水电科技进展, 2014, 34(1): 61-64　.

[21]　谢能刚, 孙林松, 赵雷, 等. 基于应变能的拱坝体形优化设计[J]. 水利学报, 2006, 37(11): 1342-1347.

[22]　Sun L S, Du F. Robust optimization for shape design of arch dams based on strain energy[J]. Applied Mechanics and Materials, 2015, 777: 94-100.

[23]　Sun L S, Yan J, Shu H H. Robust optimization for shape design of arch dams based on grey incidence analysis[J]. Adavaces in Engineering Research, 2016, 95: 879-884.

[24]　闫超君, 孙林松. 基于应变能与模糊贴近度的拱坝体形稳健优化设计[J]. 水利与建筑工程学报, 2016, 14(5): 37-40.

5 考虑结构非线性的拱坝体形优化设计

前文各章讨论拱坝体形优化时都假设坝体和基岩为线弹性材料,随着拱坝高度的不断增加,坝体的应力水平越来越高,坝体和基岩难免会出现屈服、开裂等非线性现象。本章拟考虑材料的非线性特征进行拱坝体形优化设计研究,主要包括拱坝结构非线性分析的有限元线性互补方法,考虑开裂深度约束的拱坝体形优化设计以及以整体安全度为目标的拱坝体形优化设计等。

5.1 拱坝弹塑性有限元分析的线性互补方法

弹塑性问题是力学中的古典问题,也是工程中的常见问题。目前,在求解这类问题时大多采用迭代类解法,这类解法需要不断重复"试探—求解—调整"的过程,计算工作量往往较大,而且算法的收敛性不能完全保证。鉴于此,许多学者又转向致力于非迭代类解法的研究。我国学者钟万勰利用其创立的参变量变分原理将弹塑性问题转化为二次规划问题来求解[1]。沙德松和孙焕纯[2]、郭小明和余颖禾[3]等则利用变分不等式导出了与二次规划问题相应的线性互补模型。本章直接利用塑性理论中屈服函数与塑性流动参量之间的互补性,提出弹塑性问题的互补变分原理,进而导出基于有限元离散的线性互补模型。

5.1.1 弹塑性分析的基本方程

弹塑性问题需要根据力的平衡关系、变形的几何关系和材料的物理关系(本构关系)研究系统的应力和变形。其中,平衡关系和几何关系并不涉及材料的力学性质,所以与弹性力学中的一样,不同的是塑性状态下材料的本构方程。

1. 平衡方程与几何方程

1) 平衡方程

区域Ω内任一点的平衡方程的矩阵形式为

$$A\boldsymbol{\sigma} + \boldsymbol{b} = 0 \qquad \text{在}\,\Omega\text{域内} \tag{5.1}$$

式中,A是微分算子矩阵,形式为

$$A = \begin{bmatrix} \dfrac{\partial}{\partial x} & 0 & 0 & \dfrac{\partial}{\partial y} & 0 & \dfrac{\partial}{\partial z} \\ 0 & \dfrac{\partial}{\partial y} & 0 & \dfrac{\partial}{\partial x} & \dfrac{\partial}{\partial z} & 0 \\ 0 & 0 & \dfrac{\partial}{\partial z} & 0 & \dfrac{\partial}{\partial y} & \dfrac{\partial}{\partial x} \end{bmatrix} \tag{5.2}$$

b 是体积力向量,

$$b = [b_x, \quad b_y, \quad b_z]^{\mathrm{T}} \tag{5.3}$$

式(5.1)用张量形式可表示为

$$\sigma_{ij,j} + b_i = 0 \quad 在\varOmega域内 \tag{5.4}$$

2) 几何方程——应变位移关系

在小变形情况下,略去位移导数的高次项,则应变向量与位移向量间的几何关系可表示为

$$\varepsilon = Lu \quad 在\varOmega域内 \tag{5.5}$$

式中,L 是微分算子矩阵,形式为

$$L = \begin{bmatrix} \dfrac{\partial}{\partial x} & 0 & 0 \\ 0 & \dfrac{\partial}{\partial y} & 0 \\ 0 & 0 & \dfrac{\partial}{\partial z} \\ \dfrac{\partial}{\partial y} & \dfrac{\partial}{\partial x} & 0 \\ 0 & \dfrac{\partial}{\partial z} & \dfrac{\partial}{\partial y} \\ \dfrac{\partial}{\partial z} & 0 & \dfrac{\partial}{\partial x} \end{bmatrix} \tag{5.6}$$

几何方程的张量形式为

$$\varepsilon_{ij} = \frac{1}{2}(u_{i,j} + u_{j,i}) \tag{5.7}$$

2. 塑性状态下材料的本构关系[4]

材料在塑性状态下的本构关系目前存在着两种理论:一种理论认为塑性状态

下的应力–应变关系仍是应力分量与应变分量之间的关系，这种理论称为全量理论或形变理论；另一种理论认为塑性状态下的应力–应变关系应该是增量之间的关系，这称为增量理论或流动理论。由于材料的塑性变形具有不可恢复性，在本质上是一个与加载历史有关的过程，所以一般情况下其应力–应变关系用增量形式描述更为合理。

弹塑性增量理论认为总应变增量 $\mathrm{d}\varepsilon$ 可分解为弹性应变增量 $\mathrm{d}\varepsilon^{\mathrm{e}}$ 和塑性应变增量 $\mathrm{d}\varepsilon^{\mathrm{p}}$ 两部分，即

$$\mathrm{d}\varepsilon = \mathrm{d}\varepsilon^{\mathrm{e}} + \mathrm{d}\varepsilon^{\mathrm{p}} \tag{5.8}$$

与之对应的弹性应力响应分别为

$$\mathrm{d}\boldsymbol{\sigma}^{\mathrm{e}} = \boldsymbol{D}\mathrm{d}\varepsilon \tag{5.9}$$

$$\mathrm{d}\boldsymbol{\sigma} = \boldsymbol{D}\mathrm{d}\varepsilon^{\mathrm{e}} \tag{5.10}$$

$$\mathrm{d}\boldsymbol{\sigma}^{\mathrm{p}} = \boldsymbol{D}\mathrm{d}\varepsilon^{\mathrm{p}} \tag{5.11}$$

这些量之间的关系在一维情况下如图 5.1 所示。利用式 (5.8) 与式 (5.10) 可得

$$\mathrm{d}\boldsymbol{\sigma} = \boldsymbol{D}(\mathrm{d}\varepsilon - \mathrm{d}\varepsilon^{\mathrm{p}}) \tag{5.12}$$

以上各式中 $\boldsymbol{D}$ 为弹性矩阵。

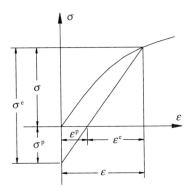

图 5.1 应力–应变间的弹性关系

塑性本构关系的增量理论主要包括三个基本理论部分，即屈服面与加载面 (后继屈服面) 理论、流动法则以及强化 (硬化) 定律。

1) 屈服面与加载面理论

屈服面与加载面用于区别材料的应力状态。屈服面 (从弹性状态到初始屈服) 和加载面 (从一种塑性状态到另一种塑性状态) 的数学表达式称为加载函数。在应力空间中一点的应力状态应当满足

$$f(\boldsymbol{\sigma}, \varepsilon^{\mathrm{p}}, \kappa) \leqslant 0 \tag{5.13}$$

式(5.13)称为屈服约束条件，其中，κ为反映变形历史的强化参数，也称内变量。$f<0$ 表示材料质点处于弹性状态，$f=0$ 表示材料质点处于塑性状态，不存在 $f>0$ 的状态。当质点从一种塑性状态变化到另一种塑性状态，产生新的塑性变形的过程称为加载；如果在这个过程中不产生新的塑性变形而只有弹性变形的变化称为中性变载；质点从某一塑性状态转到另一弹性状态，这一变化不产生新的塑性变形，称为卸载。因此，当质点处于塑性状态时，对于一个增量步，加载和中性变载时有 $df=0$，卸载时有 $df<0$。

2) 流动法则

流动法则也称正交定律，是确定塑性应变增量各分量间的相互关系，即塑性应变增量方向的一条规则。它假定经过应力空间任一点必有一塑性势面 $g(\boldsymbol{\sigma},\boldsymbol{\varepsilon}^{\mathrm{p}},\kappa)$，经过该点的塑性应变增量与塑性势之间满足下述正交关系

$$\mathrm{d}\boldsymbol{\varepsilon}^{\mathrm{p}} = \lambda\frac{\partial g}{\partial \boldsymbol{\sigma}} \tag{5.14}$$

式中，λ是待定的塑性流动比例因子，简称流动参数，它满足非负条件

$$\lambda\begin{cases} \geqslant 0, & \text{当} f(\boldsymbol{\sigma},\boldsymbol{\varepsilon}^{\mathrm{p}},\kappa)=0\text{时} \\ = 0, & \text{当} f(\boldsymbol{\sigma},\boldsymbol{\varepsilon}^{\mathrm{p}},\kappa)<0\text{时} \end{cases} \tag{5.15}$$

也就是说，λ的取值完全由加载函数 f 确定。

如果塑性势函数就是屈服函数或加载函数，即 $g=f$，式(5.14)就成为

$$\mathrm{d}\boldsymbol{\varepsilon}^{\mathrm{p}} = \lambda\frac{\partial f}{\partial \boldsymbol{\sigma}} \tag{5.16}$$

称为与屈服(加载)条件相关联的流动法则，简称相关联流动法则；如果 $g\neq f$，则流动法则为非关联流动法则。金属材料通常满足相关联流动法则，而岩石、混凝土一类材料一般都具有非关联流动特性。

3) 强化定律

在加载状态时，理想弹塑性材料加载面的形状、大小和位置都与屈服面一样，是固定的。对于强化材料，加载可以使加载面膨胀、移动或改变形状。这些大小、位置和形状的改变叫作强化(硬化或软化)，它取决于材料的变形历史与应力水平。多年来，人们对许多材料进行了试验研究，但很难得到一个统一的强化规律。目前，工程中常用的有以下三种简化模型：

(1) 等向强化模型。等向强化模型是假设在各个加载方向都有同等强化程度的简化模型。该模型认为加载面在塑性加载后只是大小起变化，形状不变，如图 5.2(a)所示，可表示为

$$f = f(\boldsymbol{\sigma}, \boldsymbol{\varepsilon}^{\mathrm{p}}, \kappa) = f^*(\boldsymbol{\sigma}) - c(\boldsymbol{\varepsilon}^{\mathrm{p}}, \kappa) \leqslant 0 \tag{5.17}$$

式中，$f^*(\boldsymbol{\sigma})$ 是初始屈服函数；$c(\boldsymbol{\varepsilon}^{\mathrm{p}}, \kappa)$ 是所经历塑性变形的函数。

等向强化模型的假定是认为材料在塑性变形后仍保持各向同性的性质，它不能反映 Bauschinger 效应的影响。

(2)随动强化模型。随动强化模型是考虑 Bauschinger 效应的简化模型，对 Bauschinger 效应的简化是：在一个加载方向的强化程度等于其相反方向的"弱化"程度。这一模型认为，在塑性变形过程中，加载面的大小和形状都不改变，只是在应力空间中作刚性平移，如图 5.2(b)所示。如初始屈服条件为 $f^*(\boldsymbol{\sigma}) - c \leqslant 0$（$c$ 为常数），则对随动强化模型，后继屈服条件可表示为

$$f = f^*(\boldsymbol{\sigma} - \overline{\boldsymbol{\sigma}}) - c \leqslant 0 \tag{5.18}$$

式中，$\overline{\boldsymbol{\sigma}} = \overline{\sigma}_{ij}$ 表示初始屈服面中心点在应力空间中的位移，它反映了硬化程度，是硬化程度的参数。它依赖塑性变形量，其增量形式可表示为

$$\mathrm{d}\overline{\sigma}_{ij} = c_{\mathrm{h}} \mathrm{d}\varepsilon_{ij}^{\mathrm{p}} \tag{5.19}$$

式中，c_{h} 是表征随动强化的材料参数。

(3)混合强化模型。混合强化模型是由 Hodge 于 1957 年提出来的。为了更好地反映 Bauschinger 效应，可以将随动强化模型与等向强化模型结合起来，即认为后继屈服面的大小、形状和位置一起随塑性变形的发展而变化，如图 5.2(c)所示。

假设加载面由刚体平移和均匀变化两部分组成，则有

$$f = f(\boldsymbol{\sigma}, \boldsymbol{\varepsilon}^{\mathrm{p}}, \kappa) = f^*(\boldsymbol{\sigma} - \overline{\boldsymbol{\sigma}}) - c(\boldsymbol{\varepsilon}^{\mathrm{p}}, \kappa) \leqslant 0 \tag{5.20}$$

这里 $\overline{\boldsymbol{\sigma}}$ 和 c 的意义与等向强化和随动强化相同。

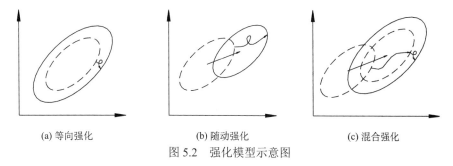

(a) 等向强化　　　　　　(b) 随动强化　　　　　　(c) 混合强化

图 5.2　强化模型示意图

5.1.2　弹塑性问题的互补变分原理[5]

1)弹塑性边值问题的描述

弹塑性边值问题可描述为：在给定时刻 t，假设处于平衡状态的变形体 Ω 上各点的形变与受力状态变量为 $u_i, \varepsilon_{ij}^{\mathrm{p}}, \sigma_{ij}$，反映变形历史的内变量为 κ；在 Ω 内给定体力

增量 $\mathrm{d}b_i$，在边界 S_p 上给定面力增量 $\mathrm{d}\overline{p}_i$，在边界 S_u 上给定位移增量 $\mathrm{d}\overline{u}_i$，这里 $S=S_\mathrm{p}+S_\mathrm{u}$ 为总边界。要求各状态变量的相应增量 $\mathrm{d}u_i,\mathrm{d}\varepsilon_{ij}^\mathrm{p},\mathrm{d}\sigma_{ij},\mathrm{d}\kappa$ 等应满足下列条件：

(1) 平衡方程。

$$\mathrm{d}\sigma_{ij,j}+\mathrm{d}b_i=0 \qquad (在\ \Omega\ 内) \qquad (5.21)$$

(2) 几何方程。

$$\mathrm{d}\varepsilon_{ij}=\frac{1}{2}\left(\mathrm{d}u_{i,j}+\mathrm{d}u_{j,i}\right) \qquad (在\ \Omega\ 内\ ) \qquad (5.22)$$

(3) 边界条件。

$$\mathrm{d}\sigma_{ij}n_j=\mathrm{d}\overline{p}_i \qquad (在\ S_\mathrm{p}\ 上) \qquad (5.23)$$

$$\mathrm{d}u_i=\mathrm{d}\overline{u}_i \qquad (在\ S_\mathrm{u}\ 上) \qquad (5.24)$$

(4) 本构关系。

$$\mathrm{d}\sigma_{ij}=D_{ijkl}\left(\mathrm{d}\varepsilon_{kl}-\mathrm{d}\varepsilon_{kl}^\mathrm{p}\right) \qquad (5.25)$$

$$\mathrm{d}\varepsilon_{ij}^\mathrm{p}=\lambda\frac{\partial g}{\partial\sigma_{ij}} \qquad (5.26)$$

$$\begin{cases} f\cdot\lambda=0, \quad \lambda\geqslant 0 \\ f\left(\sigma_{ij}+\mathrm{d}\sigma_{ij},\varepsilon_{ij}^\mathrm{p}+\mathrm{d}\varepsilon_{ij}^\mathrm{p},\kappa+\mathrm{d}\kappa\right)\leqslant 0 \end{cases} \qquad (5.27)$$

2) 互补虚功原理

变形体在受荷过程中可分为弹性状态和塑性状态，材料是否进入塑性，应由它的应力–应变状态等来确定。设 $f\left(\sigma_{ij},\varepsilon_{ij}^\mathrm{p},\kappa\right)$ 为材料的屈服函数，各状态参量变化 $\mathrm{d}\sigma_{ij},\mathrm{d}\varepsilon_{ij}^\mathrm{p},\mathrm{d}\kappa$ 后，应满足

$$f\left(\sigma_{ij}+\mathrm{d}\sigma_{ij},\varepsilon_{ij}^\mathrm{p}+\mathrm{d}\varepsilon_{ij}^\mathrm{p},\kappa+\mathrm{d}\kappa\right)\leqslant 0 \qquad (5.28)$$

当 $f<0$ 时为弹性状态，当 $f=0$ 时为塑性状态。

将屈服函数作 Taylor 展开并取其一次项，有

$$f=f_0+\frac{\partial f}{\partial\sigma_{ij}}\mathrm{d}\sigma_{ij}+\frac{\partial f}{\partial\varepsilon_{ij}^p}\mathrm{d}\varepsilon_{ij}^\mathrm{p}+\frac{\partial f}{\partial\kappa}\mathrm{d}\kappa \qquad (5.29)$$

式中，f_0 为增量步之前的屈服函数值；内变量的微分 $\mathrm{d}\kappa$ 可写为

$$\mathrm{d}\kappa=h\lambda \qquad (5.30)$$

式中，h 与内变量的形式有关，在当前状态下一般为常数。例如，若取塑性功 $\int\sigma_{ij}\mathrm{d}\varepsilon_{ij}^\mathrm{p}$ 为内变量，则 $h=\sigma_{ij}\dfrac{\partial g}{\partial\sigma_{ij}}$。

将式(5.25)、式(5.26)和式(5.30)代入式(5.29)后，可将屈服函数 f 用位移增

量 $\mathrm{d}u_i$ 和流动参数 λ 表示为

$$
\begin{aligned}
f\left(\mathrm{d}u_i, \lambda\right) &= f_0 + \frac{\partial f}{\partial \sigma_{kl}} D_{ijkl} \mathrm{d}\varepsilon_{ij} \\
&\quad - \left[\frac{\partial f}{\partial \sigma_{kl}} D_{ijkl} \frac{\partial g}{\partial \sigma_{ij}} - \frac{\partial f}{\partial \varepsilon_{ij}^{\mathrm{p}}} \frac{\partial g}{\partial \sigma_{ij}} - \frac{\partial f}{\partial \kappa} h \right] \lambda \\
&= f_0 + w_{ij} \mathrm{d}u_{i,j} - m\lambda
\end{aligned}
\tag{5.31}
$$

式中，$w_{ij} = D_{ijkl} \dfrac{\partial f}{\partial \sigma_{kl}}$；$m = \dfrac{\partial g}{\partial \sigma_{ij}} D_{ijkl} \dfrac{\partial f}{\partial \sigma_{kl}} - \dfrac{\partial f}{\partial \varepsilon_{ij}^{\mathrm{p}}} \dfrac{\partial g}{\partial \sigma_{ij}} - \dfrac{\partial f}{\partial \kappa} h$。

互补条件式 (5.27) 可写为

$$
\begin{cases}
f = f_0 + w_{ij} \mathrm{d}u_{i,j} - m\lambda \leqslant 0 \\
f \cdot \lambda = 0, \quad \lambda \geqslant 0
\end{cases}
\tag{5.32}
$$

下面我们来推导虚功方程。设有虚位移 $\delta \mathrm{d}u_i$，在 S_{u} 上满足 $\delta \mathrm{d}u_i = 0$，将它与平衡方程式 (5.21) 两端相乘并在区域 Ω 内积分，有

$$
\int_{\Omega} \mathrm{d}\sigma_{ij,j} \delta \mathrm{d}u_i \mathrm{d}\Omega + \int_{\Omega} \mathrm{d}b_i \delta \mathrm{d}u_i \mathrm{d}\Omega = 0
\tag{5.33}
$$

利用分部积分 Green 公式及 S_{u} 上的边界条件 $\delta \mathrm{d}u_i = 0$，式 (5.33) 成为

$$
\begin{aligned}
\int_{\Omega} \mathrm{d}\sigma_{ij} \delta \mathrm{d}u_{i,j} \mathrm{d}\Omega &= \int_{S_{\mathrm{p}}} \mathrm{d}\sigma_{ij} \delta \mathrm{d}u_i n_j \mathrm{d}S + \int_{\Omega} \mathrm{d}b_i \delta \mathrm{d}u_i \mathrm{d}\Omega \\
&= \int_{S_{\mathrm{p}}} \mathrm{d}\overline{p}_i \delta \mathrm{d}u_i \mathrm{d}S + \int_{\Omega} \mathrm{d}b_i \delta \mathrm{d}u_i \mathrm{d}\Omega
\end{aligned}
\tag{5.34}
$$

利用式 (5.25)，式 (5.34) 左端变为

$$
\begin{aligned}
\int_{\Omega} \mathrm{d}\sigma_{ij} \delta \mathrm{d}u_{i,j} \mathrm{d}\Omega &= \int_{\Omega} D_{ijkl}\left(\mathrm{d}\varepsilon_{kl} - \mathrm{d}\varepsilon_{kl}^{\mathrm{p}}\right) \delta \mathrm{d}u_{i,j} \mathrm{d}\Omega \\
&= \int_{S_{\mathrm{p}}} n_j D_{ijkl}\left(\mathrm{d}\varepsilon_{kl} - \mathrm{d}\varepsilon_{kl}^{\mathrm{p}}\right) \delta \mathrm{d}u_i \mathrm{d}S - \int_{\Omega} \left[D_{ijkl}\left(\mathrm{d}\varepsilon_{kl} - \mathrm{d}\varepsilon_{kl}^{\mathrm{p}}\right)\right]_{,j} \delta \mathrm{d}u_i \mathrm{d}\Omega
\end{aligned}
\tag{5.35}
$$

将式 (5.35) 代入式 (5.34) 并利用式 (5.26)，有

$$
\begin{aligned}
&\int_{S_{\mathrm{p}}} \left[n_j D_{ijkl} \mathrm{d}\varepsilon_{kl} - n_j \lambda R_{ij}\right] \delta \mathrm{d}u_i \mathrm{d}S - \int_{\Omega} \left[D_{ijkl} \mathrm{d}\varepsilon_{kl} - \lambda R_{ij}\right]_{,j} \delta \mathrm{d}u_i \mathrm{d}\Omega \\
&= \int_{S_{\mathrm{p}}} \mathrm{d}\overline{p}_i \delta \mathrm{d}u_i \mathrm{d}S + \int_{\Omega} \mathrm{d}b_i \delta \mathrm{d}u_i \mathrm{d}\Omega
\end{aligned}
\tag{5.36}
$$

式中， $R_{ij} = D_{ijkl} \dfrac{\partial g}{\partial \sigma_{kl}}$ 。

进一步利用 Green 公式，可得弹塑性问题的虚功方程为

$$\int_{\Omega} \left[D_{ijkl} d\varepsilon_{kl} - \lambda R_{ij} \right] \delta du_{i,j} d\Omega = \int_{S_p} d\overline{p}_i \delta du_i dS + \int_{\Omega} db_i \delta du_i d\Omega \tag{5.37}$$

由虚功方程式(5.37)的推导知其已隐含了区域 Ω 和边界 S_p 上的平衡条件，并利用了本构关系式(5.25)和流动法则式(5.26)。将其与反映材料状态的互补条件式(5.32)连接，即得弹塑性问题的互补虚功原理。

定理 1(互补虚功原理) 弹塑性问题的边值问题等价于如下的互补问题

$$\begin{cases} f \cdot \lambda = 0 \\ f = f_0 + w_{ij} du_{i,j} + m\lambda \leqslant 0, \quad \lambda \geqslant 0 \\ \displaystyle\int_{\Omega} \left[D_{ijkl} du_{k,l} - \lambda R_{ij} \right] \delta du_{i,j} d\Omega = \int_{S_p} d\overline{p}_i \delta du_i dS + \int_{\Omega} db_i \delta du_i d\Omega \\ du_i \in \left\{ dv_i \middle| dv_i = d\overline{v}_i, \text{在} S_u \text{上} \right\}; \quad \delta du_i \in \left\{ \delta dv_i \middle| \delta dv_i = 0, \text{在} S_u \text{上} \right\} \end{cases} \tag{5.38}$$

5.1.3 有限元离散与线性互补模型

1. 弹塑性问题的有限元—线性互补模型

对分析区域 Ω 进行有限元离散，设单元总数为 NE，每个单元只处于弹性或塑性状态，设塑性单元数为 NE_p。引入形函数矩阵 N 和应变转换矩阵 B，可以写出虚功方程式(5.37)的有限元离散形式

$$\delta du^{\mathrm{T}} (K du - H\lambda) = \delta du^{\mathrm{T}} dP \tag{5.39}$$

式中，

$$K = \sum_{e=1}^{NE} \left(C_u^e \right)^{\mathrm{T}} k^e C_u^e, \quad k^e = \int_{\Omega_e} B^{\mathrm{T}} DB d\Omega; \tag{5.40}$$

$$H = \sum_{e=1}^{NE_p} \left(C_u^e \right)^{\mathrm{T}} h^e C_\lambda^e, \quad h^e = \int_{\Omega_e} B^{\mathrm{T}} D \frac{\partial g}{\partial \sigma} d\Omega; \tag{5.41}$$

$$dP = \sum_{e=1}^{NE} \left(C_u^e \right)^{\mathrm{T}} dp^e, \quad dp^e = \int_{\Omega_e} N^{\mathrm{T}} db d\Omega + \int_{S_p^e} N^{\mathrm{T}} d\overline{p} dS; \tag{5.42}$$

式中，$\mathrm{d}\boldsymbol{u}$ 和 $\boldsymbol{\lambda}$ 为系统的结点自由度列阵与单元塑性流动参数列阵；$\boldsymbol{C}_u^e$ 和 $\boldsymbol{C}_\lambda^e$ 为相应的单元选择矩阵；$\boldsymbol{H}$ 与塑性势函数有关，可称为塑性势阵。

考虑到虚位移向量 $\delta \mathrm{d}\boldsymbol{u}^{\mathrm{T}}$ 的任意性，由式 (5.39) 可得系统的平衡方程

$$\boldsymbol{K}\mathrm{d}\boldsymbol{u} - \boldsymbol{H}\boldsymbol{\lambda} = \mathrm{d}\boldsymbol{P} \tag{5.43}$$

在单元平均意义下，互补条件式 (5.32) 的有限元离散形式为

$$\begin{cases} \boldsymbol{f} = \boldsymbol{f}_0 + \boldsymbol{W}\mathrm{d}\boldsymbol{u} - \boldsymbol{M}\boldsymbol{\lambda} \leqslant 0 \\ \boldsymbol{f}^{\mathrm{T}}\boldsymbol{\lambda} = 0, \quad \boldsymbol{\lambda} \geqslant 0 \end{cases} \tag{5.44}$$

式中，

$$\boldsymbol{f}_0 = \sum_{e=1}^{NE_\mathrm{p}} \left(\boldsymbol{C}_\lambda^e\right)^{\mathrm{T}} f_0^e, \quad f_0^e = \int_{\Omega_e} f\mathrm{d}\Omega \tag{5.45}$$

$$\boldsymbol{W} = \sum_{e=1}^{NE_\mathrm{p}} \left(\boldsymbol{C}_\lambda^e\right)^{\mathrm{T}} \boldsymbol{w}^e \boldsymbol{C}_u^e, \quad \boldsymbol{w}^e = \int_{\Omega_e} \left(\frac{\partial f}{\partial \boldsymbol{\sigma}}\right)^{\mathrm{T}} \boldsymbol{DB}\mathrm{d}\Omega \tag{5.46}$$

$$\boldsymbol{M} = \sum_{e=1}^{NE_\mathrm{p}} \left(\boldsymbol{C}_\lambda^e\right)^{\mathrm{T}} m^e \boldsymbol{C}_\lambda^e, \quad m^e = \int_{\Omega_e} \left[\left(\frac{\partial f}{\partial \boldsymbol{\sigma}}\right)^{\mathrm{T}} \boldsymbol{D} \frac{\partial g}{\partial \boldsymbol{\sigma}} - \left(\frac{\partial f}{\partial \boldsymbol{\varepsilon}^\mathrm{p}}\right)^{\mathrm{T}} \frac{\partial g}{\partial \boldsymbol{\sigma}} - \frac{\partial f}{\partial \kappa} h \right]\mathrm{d}\Omega \tag{5.47}$$

式中，$\boldsymbol{W}$ 称为约束矩阵；$\boldsymbol{M}$ 称为强化矩阵。

由式 (5.43) 解出 $\mathrm{d}\boldsymbol{u}$ 得

$$\mathrm{d}\boldsymbol{u} = \boldsymbol{K}^{-1}\boldsymbol{H}\boldsymbol{\lambda} + \boldsymbol{K}^{-1}\mathrm{d}\boldsymbol{P} \tag{5.48}$$

代入式 (5.44) 并引入松弛向量 $\boldsymbol{v}$，可得弹塑性问题的有限元线性互补模型

$$\begin{cases} \boldsymbol{v} - \boldsymbol{\Phi} \cdot \boldsymbol{\lambda} = \mathrm{d}\boldsymbol{q} \\ \boldsymbol{v}^{\mathrm{T}}\boldsymbol{\lambda} = 0, \quad \boldsymbol{v} \geqslant 0, \quad \boldsymbol{\lambda} \geqslant 0 \end{cases} \tag{5.49}$$

式中，$\boldsymbol{\Phi} = \boldsymbol{M} - \boldsymbol{WK}^{-1}\boldsymbol{H}$；$\mathrm{d}\boldsymbol{q} = -\boldsymbol{f}_0 - \boldsymbol{WK}^{-1}\mathrm{d}\boldsymbol{P}$。 $\tag{5.50}$

2. 单元类型及相关矩阵

有限元线性互补方法比常规的有限单元法多了塑性势阵 $\boldsymbol{H}$、约束阵 $\boldsymbol{W}$ 和强化阵 $\boldsymbol{M}$ 等。这些矩阵与劲度矩阵 $\boldsymbol{K}$ 一样也是由相应的单元矩阵组装而成，其装配原则前文已有叙述，这里主要介绍单元的塑性势阵 $\boldsymbol{h}^e$、约束阵 $\boldsymbol{w}^e$ 和强化阵 $\boldsymbol{m}^e$ 的具体形式。

首先给出空间问题的弹性矩阵

$$\boldsymbol{D} = \begin{bmatrix} D_1 & D_2 & D_3 & 0 & 0 & 0 \\ D_2 & D_1 & D_4 & 0 & 0 & 0 \\ D_3 & D_4 & D_5 & 0 & 0 & 0 \\ 0 & 0 & 0 & D_6 & 0 & 0 \\ 0 & 0 & 0 & 0 & D_6 & 0 \\ 0 & 0 & 0 & 0 & 0 & D_6 \end{bmatrix} \tag{5.51}$$

式中，$D_1 = D_5 = 2G + \lambda$，$D_2 = D_3 = D_4 = \lambda$，$D_6 = G$；这里$\lambda$和$G$为拉梅常数。

应力、应变向量为

$$\begin{cases} \boldsymbol{\sigma} = [\sigma_x, \sigma_y, \sigma_z, \tau_{xy}, \tau_{yz}, \tau_{zx}]^{\mathrm{T}} \\ \boldsymbol{\varepsilon} = [\varepsilon_x, \varepsilon_y, \varepsilon_y, \varepsilon_{xy}, \varepsilon_{yz}, \varepsilon_{zx}]^{\mathrm{T}} \end{cases} \tag{5.52}$$

屈服函数梯度与塑性势函数梯度为

$$\frac{\partial f}{\partial \boldsymbol{\sigma}} = \left[\frac{\partial f}{\partial \sigma_x}, \quad \frac{\partial f}{\partial \sigma_y}, \quad \frac{\partial f}{\partial \sigma_z}, \quad \frac{\partial f}{\partial \tau_{xy}}, \quad \frac{\partial f}{\partial \tau_{yz}}, \quad \frac{\partial f}{\partial \tau_{zx}} \right]^{\mathrm{T}} \tag{5.53}$$

$$\frac{\partial g}{\partial \boldsymbol{\sigma}} = \left[\frac{\partial g}{\partial \sigma_x}, \quad \frac{\partial g}{\partial \sigma_y}, \quad \frac{\partial g}{\partial \sigma_z}, \quad \frac{\partial g}{\partial \tau_{xy}}, \quad \frac{\partial g}{\partial \tau_{yz}}, \quad \frac{\partial g}{\partial \tau_{zx}} \right]^{\mathrm{T}} \tag{5.54}$$

不失一般性，在下面的讨论中假设每个单元的屈服准则由两个屈服面$f_1=0$和$f_2=0$组成，相应地也有两个塑性势函数g_1和g_2。记$\boldsymbol{f} = [f_1, f_2]^{\mathrm{T}}$，$\boldsymbol{g} = [g_1, g_2]^{\mathrm{T}}$，$\boldsymbol{\kappa} = [\kappa_1, \kappa_2]^{\mathrm{T}}$，则单元的强化阵$\boldsymbol{m}^e$为

$$\boldsymbol{m}^e = \int_{\Omega_e} \left[\left(\frac{\partial \boldsymbol{f}}{\partial \boldsymbol{\sigma}} \right)^{\mathrm{T}} \boldsymbol{D} \frac{\partial \boldsymbol{g}}{\partial \boldsymbol{\sigma}} - \left(\frac{\partial \boldsymbol{f}}{\partial \boldsymbol{\varepsilon}^{\mathrm{p}}} \right)^{\mathrm{T}}, \frac{\partial \boldsymbol{g}}{\partial \boldsymbol{\sigma}} - \frac{\partial \boldsymbol{f}}{\partial \boldsymbol{\kappa}} h \right] \mathrm{d}\Omega = \begin{bmatrix} m_{11} & m_{12} \\ m_{21} & m_{22} \end{bmatrix}_{2 \times 2} \tag{5.55}$$

其中

$$m_{ij} = \int_{\Omega_e} \left[\frac{\partial f_i}{\partial \boldsymbol{\sigma}} \boldsymbol{D} \frac{\partial g_j}{\partial \boldsymbol{\sigma}} - \frac{\partial f_i}{\partial \boldsymbol{\varepsilon}^{\mathrm{p}}} \frac{\partial g_j}{\partial \boldsymbol{\sigma}} - \frac{\partial f_i}{\partial \kappa_j} h \right] \mathrm{d}\Omega \tag{5.56}$$

可见，单元强化阵的计算并不涉及单元的具体模型，其关键只是具体屈服准则中屈服函数与塑性势函数的梯度计算，这部分内容将在后文中给出。

单元的塑势阵$\boldsymbol{h}^e$和约束阵$\boldsymbol{w}^e$为

$$\boldsymbol{h}^e = \int_{\Omega_e} \boldsymbol{B}^{\mathrm{T}} \boldsymbol{D} \frac{\partial \boldsymbol{g}}{\partial \boldsymbol{\sigma}} \mathrm{d}\Omega = \int_{\Omega_e} \boldsymbol{B}^{\mathrm{T}} \boldsymbol{R} \mathrm{d}\Omega \tag{5.57}$$

$$\boldsymbol{w}^e = \int_{\Omega_e} \left(\frac{\partial \boldsymbol{f}}{\partial \boldsymbol{\sigma}} \right)^{\mathrm{T}} \boldsymbol{D} \boldsymbol{B} \mathrm{d}\Omega = \int_{\Omega_e} \boldsymbol{Q}^{\mathrm{T}} \boldsymbol{B} \mathrm{d}\Omega \tag{5.58}$$

这里，

$$\boldsymbol{R} = \boldsymbol{D}\frac{\partial \boldsymbol{g}}{\partial \boldsymbol{\sigma}} = \begin{bmatrix} D_1\dfrac{\partial g_1}{\partial \sigma_x} + D_2\dfrac{\partial g_1}{\partial \sigma_y} + D_3\dfrac{\partial g_1}{\partial \sigma_z} & D_1\dfrac{\partial g_2}{\partial \sigma_x} + D_2\dfrac{\partial g_2}{\partial \sigma_y} + D_3\dfrac{\partial g_2}{\partial \sigma_z} \\[2mm] D_2\dfrac{\partial g_1}{\partial \sigma_x} + D_1\dfrac{\partial g_1}{\partial \sigma_y} + D_4\dfrac{\partial g_1}{\partial \sigma_z} & D_2\dfrac{\partial g_2}{\partial \sigma_x} + D_1\dfrac{\partial g_2}{\partial \sigma_y} + D_4\dfrac{\partial g_2}{\partial \sigma_z} \\[2mm] D_3\dfrac{\partial g_1}{\partial \sigma_x} + D_4\dfrac{\partial g_1}{\partial \sigma_y} + D_5\dfrac{\partial g_1}{\partial \sigma_z} & D_3\dfrac{\partial g_2}{\partial \sigma_x} + D_4\dfrac{\partial g_2}{\partial \sigma_y} + D_5\dfrac{\partial g_2}{\partial \sigma_z} \\[2mm] D_6\dfrac{\partial g_1}{\partial \tau_{xy}} & D_6\dfrac{\partial g_2}{\partial \tau_{xy}} \\[2mm] D_6\dfrac{\partial g_1}{\partial \tau_{yz}} & D_6\dfrac{\partial g_2}{\partial \tau_{yz}} \\[2mm] D_6\dfrac{\partial g_1}{\partial \tau_{zx}} & D_6\dfrac{\partial g_2}{\partial \tau_{zx}} \end{bmatrix}$$

$$= \begin{bmatrix} r_{11} & r_{12} & r_{13} & r_{14} & r_{15} & r_{16} \\ r_{21} & r_{22} & r_{23} & r_{24} & r_{25} & r_{26} \end{bmatrix}^{\mathrm{T}} \tag{5.59}$$

$$\boldsymbol{Q} = \boldsymbol{D}\frac{\partial \boldsymbol{f}}{\partial \boldsymbol{\sigma}} = \begin{bmatrix} q_{11} & q_{12} & q_{13} & q_{14} & q_{15} & q_{16} \\ q_{21} & q_{22} & q_{23} & q_{24} & q_{25} & q_{26} \end{bmatrix}^{\mathrm{T}} \tag{5.60}$$

式中，只需将式(5.59)中的 g_i 换成 f_i 即可得到式(5.60)中的元素 q_{ij}。

从式(5.57)和式(5.58)可以看出，单元塑势阵 $\boldsymbol{h}^e$ 和约束阵 $\boldsymbol{w}^e$ 的计算涉及应变矩阵 $\boldsymbol{B}$，因而与实体单元的类型有关。

拱坝有限元分析中常采用 8 结点六面体等参单元与 6 结点五面体等参单元，其结点编号与局部坐标系见图 5.3(a) 和图 5.3(b)，形函数分别为[6]

(1) 8 结点六面体单元

$$N_i = \frac{1}{8}(1+\xi\xi_i)(1+\eta\eta_i)(1+\zeta\zeta_i), \qquad (i=1,2,\cdots,8) \tag{5.61}$$

(2) 6 结点五面体单元

$$\begin{cases} N_i = \dfrac{1}{4}(1+\zeta\zeta_i)(\xi-\eta), & (i=1,4) \\[2mm] N_i = \dfrac{1}{4}(1+\zeta\zeta_i)(1+\eta), & (i=2,5) \\[2mm] N_i = \dfrac{1}{4}(1+\zeta\zeta_i)(1-\xi), & (i=3,6) \end{cases} \tag{5.62}$$

式中，$\xi_i = \pm 1$，$\eta_i = \pm 1$，$\zeta_i = \pm 1$ 为单元结点的局部坐标。

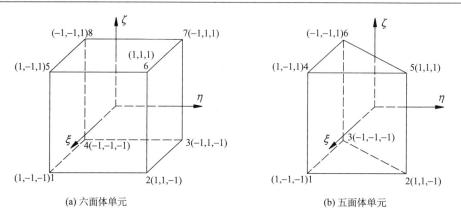

(a) 六面体单元   (b) 五面体单元

图 5.3 等参单元

下面以 8 结点等参单元为例说明单元塑势阵 h^e 和约束阵 w^e 的具体形式。图 5.3(a) 所示 8 结点等参单元，应变矩阵为

$$B = [B_1, B_2, B_3, B_4, B_5, B_6, B_7, B_8]_{6\times24} \tag{5.63}$$

式中，

$$B_i = \begin{bmatrix} \dfrac{\partial N_i}{\partial x} & 0 & 0 \\[2ex] 0 & \dfrac{\partial N_i}{\partial y} & 0 \\[2ex] 0 & 0 & \dfrac{\partial N_i}{\partial z} \\[2ex] \dfrac{\partial N_i}{\partial y} & \dfrac{\partial N_i}{\partial x} & 0 \\[2ex] 0 & \dfrac{\partial N_i}{\partial z} & \dfrac{\partial N_i}{\partial y} \\[2ex] \dfrac{\partial N_i}{\partial z} & 0 & \dfrac{\partial N_i}{\partial x} \end{bmatrix}_{6\times3} \tag{5.64}$$

将式 (5.59) 和式 (5.63) 代入式 (5.57) 得

$$h^e = \int_{\Omega_e} B^{\mathrm{T}} \begin{bmatrix} r_{11} & r_{12} & r_{13} & r_{14} & r_{15} & r_{16} \\ r_{21} & r_{22} & r_{23} & r_{24} & r_{25} & r_{26} \end{bmatrix}^{\mathrm{T}} \mathrm{d}\Omega = \begin{bmatrix} h_{11} & h_{12} \\ \vdots & \vdots \\ h_{i1} & h_{i2} \\ \vdots & \vdots \\ h_{81} & h_{82} \end{bmatrix}_{24\times2} \tag{5.65}$$

式中，

$$h_{ij} = \int_{-1}^{1}\int_{-1}^{1}\int_{-1}^{1} \begin{bmatrix} \dfrac{\partial N_i}{\partial x} r_{j1} + \dfrac{\partial N_i}{\partial y} r_{j4} + \dfrac{\partial N_i}{\partial z} r_{j6} \\[2mm] \dfrac{\partial N_i}{\partial y} r_{j2} + \dfrac{\partial N_i}{\partial x} r_{j4} + \dfrac{\partial N_i}{\partial z} r_{j5} \\[2mm] \dfrac{\partial N_i}{\partial z} r_{j3} + \dfrac{\partial N_i}{\partial y} r_{j5} + \dfrac{\partial N_i}{\partial z} r_{j6} \end{bmatrix} \det \boldsymbol{J} \mathrm{d}\xi \mathrm{d}\eta \mathrm{d}\zeta \tag{5.66}$$

这里，$\det \boldsymbol{J}$ 为单元 Jacobi 矩阵的行列式。

同理可以写出单元的约束阵

$$\boldsymbol{w}^e = \begin{bmatrix} \boldsymbol{w}_{11} & \boldsymbol{w}_{12} & \cdots & \boldsymbol{w}_{1i} & \cdots & \boldsymbol{w}_{18} \\ \boldsymbol{w}_{21} & \boldsymbol{w}_{22} & \cdots & \boldsymbol{w}_{2i} & \cdots & \boldsymbol{w}_{28} \end{bmatrix}_{2 \times 24} \tag{5.67}$$

式中，

$$\boldsymbol{w}_{ij} = \int_{-1}^{1}\int_{-1}^{1}\int_{-1}^{1} \begin{bmatrix} \dfrac{\partial N_j}{\partial x} q_{i1} + \dfrac{\partial N_j}{\partial y} q_{i4} + \dfrac{\partial N_j}{\partial z} q_{i6} \\[2mm] \dfrac{\partial N_j}{\partial y} q_{i2} + \dfrac{\partial N_j}{\partial x} q_{i4} + \dfrac{\partial N_j}{\partial z} q_{i5} \\[2mm] \dfrac{\partial N_j}{\partial z} q_{i3} + \dfrac{\partial N_j}{\partial y} q_{i5} + \dfrac{\partial N_j}{\partial z} q_{i6} \end{bmatrix}^{\mathrm{T}} \det \boldsymbol{J} \mathrm{d}\xi \mathrm{d}\eta \mathrm{d}\zeta \tag{5.68}$$

3. 屈服准则及梯度

单元塑势阵 $\boldsymbol{h}^e$、约束阵 $\boldsymbol{w}^e$ 和强化阵 $\boldsymbol{m}^e$ 的计算均涉及梯度向量 $\dfrac{\partial f}{\partial \boldsymbol{\sigma}}$ 和 $\dfrac{\partial g}{\partial \boldsymbol{\sigma}}$ 的计算。下面结合岩石、混凝土类材料常用的屈服准则进行具体叙述。

1) 最大拉应力准则

最大拉应力准则常用于脆性材料的受拉破坏，设 $\sigma_1 \geqslant \sigma_2 \geqslant \sigma_3$，材料抗拉强度为 f_t，则屈服函数为

$$f = \sigma_1 - f_t \tag{5.69}$$

上式用应力不变量表示，有

$$f(I_1, J_2, \theta) = \frac{2}{3}\sqrt{3J_2}\sin\left(\theta + \frac{2\pi}{3}\right) + \frac{1}{3}I_1 - f_t \tag{5.70}$$

式中，θ 为 Lode 角，有

$$\sin 3\theta = -\frac{3\sqrt{3}}{2}\frac{J_3}{(J_2)^{\frac{3}{2}}} \tag{5.71}$$

I_1、J_2、J_3 为第一应力不变量与第二、第三应力偏量不变量。

屈服函数的梯度为

$$\frac{\partial f}{\partial \boldsymbol{\sigma}} = \frac{1}{3}\frac{\partial I_1}{\partial \boldsymbol{\sigma}} + \frac{\sqrt{3}}{3\sqrt{J_2}}\sin\left(\theta + \frac{2\pi}{3}\right)\frac{\partial J_2}{\partial \boldsymbol{\sigma}} + \frac{2\sqrt{3}}{3}\sqrt{J_2}\cos\left(\theta + \frac{2\pi}{3}\right)\frac{\partial \theta}{\partial \boldsymbol{\sigma}} \quad (5.72)$$

2）Mohr-Coulomb 准则

Mohr-Coulomb 准则是岩土、混凝土类材料常用的屈服准则，其屈服函数表示为

$$f = |\tau| + \sigma_n \tan\varphi - c \quad (5.73)$$

式中，τ 是材料破坏面上的剪应力；σ_n 为破坏面上的正应力（以拉为正）；φ 和 c 分别为内摩擦角和凝聚力。

若用应力不变量表示，则 Mohr-Coulomb 准则可表示为

$$f(I_1, J_2, \theta) = \frac{1}{3}I_1\sin\varphi + \sqrt{J_2}\left(\cos\theta - \frac{1}{\sqrt{3}}\sin\theta\sin\varphi\right) - c\cos\varphi \quad (5.74)$$

屈服函数的梯度为

$$\begin{aligned}
\frac{\partial f}{\partial \boldsymbol{\sigma}} &= \frac{1}{3}\sin\varphi\frac{\partial I_1}{\partial \boldsymbol{\sigma}} + \frac{1}{2\sqrt{J_2}}\left(\cos\theta - \frac{1}{\sqrt{3}}\sin\theta\sin\varphi\right)\frac{\partial J_2}{\partial \boldsymbol{\sigma}} \\
&\quad -\sqrt{J_2}\left(\sin\theta + \frac{1}{\sqrt{3}}\cos\theta\sin\varphi\right)\frac{\partial \theta}{\partial \boldsymbol{\sigma}}
\end{aligned} \quad (5.75)$$

3）Drucker-Prager 准则

Drucker-Prager 准则是对 Mohr-Coulomb 准则的简化，它的破坏面在应力空间为一圆锥面，在π平面上的截面为一圆。其屈服函数表示为

$$f(I_1, J_2) = \alpha I_1 + \sqrt{J_2} - \kappa \quad (5.76)$$

式中，α 与 κ 为材料常数，它们与内摩擦角 φ 和凝聚力 c 的关系为

$$\alpha = \frac{2\sin\varphi}{\sqrt{3}(3 \pm \sin\varphi)}, \quad \kappa = \frac{6c\cos\varphi}{\sqrt{3}(3 \pm \sin\varphi)} \quad (5.77)$$

式中，"+"号对应于 Drucker-Prager 圆锥面与 Mohr 锥体的内角点相接，"−"号则对应于 Drucker-Prager 圆锥面与 Mohr 锥体外接。

屈服函数的梯度为

$$\frac{\partial f}{\partial \boldsymbol{\sigma}} = \alpha\frac{\partial I_1}{\partial \boldsymbol{\sigma}} + \frac{1}{2\sqrt{J_2}}\frac{\partial J_2}{\partial \boldsymbol{\sigma}} \quad (5.78)$$

4）H-T-C 四参数准则

H-T-C 四参数准则是 Hsieh 等[7]针对混凝土材料提出的强度准则，其屈服函数为

$$f(I_1, J_2, \sigma_1) = A\frac{J_2}{f_c} + B\sqrt{J_2} + C\sigma_1 + DI_1 - f_c \qquad (5.79)$$

式中，f_c 是混凝土的单轴屈服强度；A、B、C、D 为四个材料参数，由试验确定。

屈服函数的梯度为

$$\frac{\partial f}{\partial \boldsymbol{\sigma}} = \left[\frac{A}{f_c} + \frac{B}{2\sqrt{J_2}} + \frac{\sqrt{3}C}{3\sqrt{J_2}} \sin\left(\theta + \frac{2\pi}{3}\right) \right] \frac{\partial J_2}{\partial \boldsymbol{\sigma}} \\ + \frac{2\sqrt{3}C}{3}\sqrt{J_2}\cos\left(\theta + \frac{2\pi}{3}\right)\frac{\partial \theta}{\partial \boldsymbol{\sigma}} + \left(\frac{C}{3} + D\right)\frac{\partial I_1}{\partial \boldsymbol{\sigma}} \qquad (5.80)$$

对比式(5.79)与式(5.69)、式(5.74)和式(5.76)可以看出，适当选取参数 A、B、C、D 和屈服强度 f_c 的值，可以使四参数准则与最大拉应力准则、Mohr-Coulomb 准则以及 Drucker-Prager 准则相一致。表 5.1 给出了 H-T-C 四参数准则与其他准则之间的关系。

表 5.1　H-T-C 四参数准则与其他准则的关系

其他准则	A	B	C	D	f_c
最大拉应力准则	0	0	1	0	f_t
Mohr-Coulomb 准则	0	$\dfrac{\sqrt{3}(1-\sin\varphi)}{2}$	$\sin\varphi$	0	$c\cos\varphi$
Drucker-Prager 准则	0	1	0	α	κ

由式(5.71)可得

$$\frac{\partial \theta}{\partial \boldsymbol{\sigma}} = \frac{-\sqrt{3}}{2J_2\cos 3\theta}\left(\frac{1}{\sqrt{J_2}}\frac{\partial J_3}{\partial \boldsymbol{\sigma}} - \frac{3J_3}{\sqrt{J_2^3}}\frac{\partial J_2}{\partial \boldsymbol{\sigma}}\right) \qquad (5.81)$$

将式(5.81)代入式(5.72)、式(5.75)和式(5.80)，可以将屈服函数的梯度向量统一表示为

$$\frac{\partial f}{\partial \boldsymbol{\sigma}} = C_1\frac{\partial I_1}{\partial \boldsymbol{\sigma}} + C_2\frac{\partial J_2}{\partial \boldsymbol{\sigma}} + C_3\frac{\partial J_3}{\partial \boldsymbol{\sigma}} \qquad (5.82)$$

利用应力不变量的定义，式(5.82)可写为

$$\frac{\partial f}{\partial \boldsymbol{\sigma}} = \left(C_1\boldsymbol{M}^0 + C_2\boldsymbol{M}^{\mathrm{I}} + C_3\boldsymbol{M}^{\mathrm{II}}\right)\cdot\boldsymbol{\sigma} \qquad (5.83)$$

式中，方阵 $\boldsymbol{M}^0$、$\boldsymbol{M}^{\mathrm{I}}$ 和 $\boldsymbol{M}^{\mathrm{II}}$ 的形式为

$$
\boldsymbol{M}^0 = \frac{1}{I_1}
\begin{bmatrix}
1 & 1 & 1 & 0 & 0 & 0 \\
 & 1 & 1 & 0 & 0 & 0 \\
 & & 1 & 0 & 0 & 0 \\
 & & & 0 & 0 & 0 \\
\text{对} & & & & 0 & 0 \\
 & \text{称} & & & & 0
\end{bmatrix},
\quad
\boldsymbol{M}^{\mathrm{I}} =
\begin{bmatrix}
\frac{2}{3} & -\frac{1}{3} & -\frac{1}{3} & 0 & 0 & 0 \\
 & \frac{2}{3} & -\frac{1}{3} & 0 & 0 & 0 \\
 & & \frac{2}{3} & 0 & 0 & 0 \\
 & & & 2 & 0 & 0 \\
\text{对} & & & & 2 & 0 \\
 & \text{称} & & & & 2
\end{bmatrix},
$$

$$
\boldsymbol{M}^{\mathrm{II}} =
\begin{bmatrix}
\frac{1}{3}\sigma_x & \frac{1}{3}\sigma_z & \frac{1}{3}\sigma_y & \frac{1}{3}\tau_{xy} & -\frac{2}{3}\tau_{yz} & \frac{1}{3}\tau_{zx} \\
 & \frac{1}{3}\sigma_y & \frac{1}{3}\sigma_x & \frac{1}{3}\tau_{xy} & \frac{1}{3}\tau_{yz} & -\frac{2}{3}\tau_{zx} \\
 & & \frac{1}{3}\sigma_z & -\frac{2}{3}\tau_{xy} & \frac{1}{3}\tau_{yz} & \frac{1}{3}\tau_{zx} \\
 & & & -\sigma_z & \tau_{zx} & \tau_{yz} \\
\text{对} & & & & -\sigma_x & \tau_{xy} \\
 & \text{称} & & & & -\sigma_y
\end{bmatrix}
+ \frac{I_1}{3}
\begin{bmatrix}
-\frac{1}{3} & -\frac{1}{3} & -\frac{1}{3} & 0 & 0 & 0 \\
 & -\frac{1}{3} & -\frac{1}{3} & 0 & 0 & 0 \\
 & & -\frac{1}{3} & 0 & 0 & 0 \\
 & & & 1 & 0 & 0 \\
\text{对} & & & & 1 & 0 \\
 & \text{称} & & & & 1
\end{bmatrix}
$$

C_1、C_2 和 C_3 对应于不同的屈服准则取值见表 5.2。

表 5.2　不同屈服准则下 C_1、C_2 和 C_3 的取值

屈服准则	C_1	C_2	C_3
H-T-C 四参数准则	$\frac{1}{3}C + D$	$\dfrac{A}{f_c} + \dfrac{B}{2\sqrt{J_2}} + \dfrac{\sqrt{3}C}{3\sqrt{J_2}}\left[\cos\left(\theta+\dfrac{\pi}{6}\right) + \tan 3\theta \sin\left(\theta+\dfrac{\pi}{6}\right)\right]$	$\dfrac{C}{J_2 \cos 3\theta}\sin\left(\theta+\dfrac{\pi}{6}\right)$
最大拉应力准则	$\frac{1}{3}$	$\dfrac{\sqrt{3}}{3\sqrt{J_2}}\left[\cos\left(\theta+\dfrac{\pi}{6}\right) + \tan 3\theta \sin\left(\theta+\dfrac{\pi}{6}\right)\right]$	$\dfrac{1}{J_2 \cos 3\theta}\sin\left(\theta+\dfrac{\pi}{6}\right)$
M-C 准则	$\frac{1}{3}\sin\varphi$	$\dfrac{\cos\theta}{2\sqrt{J_2}}\left[(1+\tan\theta\tan 3\theta) + \dfrac{\sin\varphi}{\sqrt{3}}(\tan 3\theta - \tan\theta)\right]$	$\dfrac{\sqrt{3}\sin\theta + \cos\theta\sin\varphi}{2J_2 \cos 3\theta}$
D-P 准则	α	$\dfrac{1}{2\sqrt{J_2}}$	0

应该指出的是，当 $\theta = \pm\dfrac{\pi}{6}$ 时，按表 5.2 计算 C_1、C_2 和 C_3 时有些准则会遇到数值上的困难，这时可按表 5.3 计算。

表 5.3　$\theta = \pm \dfrac{\pi}{6}$ 不同屈服准则下 C_2 和 C_3 的取值

屈服准则	C_2	C_3
H-T-C 四参数准则	$\dfrac{A}{f_c} + \dfrac{B}{2\sqrt{J_2}} + \dfrac{C}{2\sqrt{3}J_2}$	0
最大拉应力准则	$\dfrac{1}{2\sqrt{3}J_2}$	0
M-C 准则	$\dfrac{1}{2\sqrt{J_2}}\left(\dfrac{\sqrt{3}}{2} - \dfrac{\sin\varphi}{2\sqrt{3}}\right)$, $\theta = \dfrac{\pi}{6}$ 时；$\dfrac{1}{2\sqrt{J_2}}\left(\dfrac{\sqrt{3}}{2} + \dfrac{\sin\varphi}{2\sqrt{3}}\right)$, $\theta = -\dfrac{\pi}{6}$ 时	0

5.2　拱坝横缝的线性互补模型与方法

由于施工需要，混凝土坝中往往存在着纵、横接缝。在用有限元法进行坝体结构分析时，为了反映接缝的影响，通常采用薄层单元[8]、接触面单元[9]等特殊单元来模拟接缝。薄层单元假设接缝具有一定的厚度，采用与常规实体单元相同的位移模式，同时结合薄层特点作适当简化，其运算矩阵与常规单元基本相同。接触面单元是一种无厚度单元，接缝用定义在其中面上的平面膜单元模拟，接缝的张开、滑移用两缝面的相对位移来表示。相对而言，接触面单元在坝体接缝的模拟中用得更加广泛[10-13]。然而，上述单元模型均未能考虑接缝的初始间隙，朱伯芳院士[14]提出了一种有限厚度带键槽接缝单元，考虑了接缝初始间隙的影响。本节首先给出有初始间隙接缝的弹塑性增量本构模型与互补虚功方程，然后经过有限元离散建立坝体接缝问题的有限元线性互补模型[15]。

5.2.1　横缝接触条件与本构模型

坝体接缝问题本质上属于接触问题。如图 5.4 所示，设 $\Omega^{(1)}$ 和 $\Omega^{(2)}$ 为两相邻接触坝段，建立局部坐标系 $\tau_1 \tau_2 n$，设对应接触点对的接触应力为 p_n、p_{τ_1} 和 p_{τ_2}；位移为 $(u_n^{(1)}, u_{\tau_1}^{(1)}, u_{\tau_2}^{(1)})$ 和 $(u_n^{(2)}, u_{\tau_1}^{(2)}, u_{\tau_2}^{(2)})$，可定义法向和切向相对位移为

$$\begin{cases} \varepsilon_n = u_n^{(1)} - u_n^{(2)} + \delta_n \\ \varepsilon_{\tau_i} = u_{\tau_i}^{(1)} - u_{\tau_i}^{(2)}, \quad (i=1,2) \end{cases} \tag{5.84}$$

式中，δ_n 为初始接触间隙。

1）法向接触条件与本构模型

法向接触应满足单边约束条件，即法向不抗拉条件

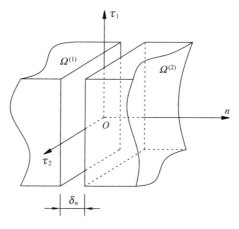

图 5.4　缝面局部坐标

$$p_n \leqslant 0 \qquad (5.85)$$

和非穿透条件

$$\varepsilon_n \geqslant 0 \qquad (5.86)$$

同时，ε_n 与 p_n 之间还应满足互补条件

$$\varepsilon_n p_n = 0 \qquad (5.87)$$

即当 $p_n < 0$ 时，$\varepsilon_n = 0$；当 $p_n = 0$ 时，$\varepsilon_n \geqslant 0$。该关系类似于理想刚塑性体的单向应力-应变关系，其屈服函数为

$$f_1 = p_n \qquad (5.88)$$

仿照塑性力学的处理方法用理想弹塑性体近似描述，将 ε_n 分解为弹性部分 $\varepsilon_n^{\mathrm{e}}$ 和塑性部分 $\varepsilon_n^{\mathrm{p}}$，即

$$\varepsilon_n = \varepsilon_n^{\mathrm{e}} + \varepsilon_n^{\mathrm{p}} \qquad (5.89)$$

式中，$\varepsilon_n^{\mathrm{e}}$ 与 p_n 有关系

$$\varepsilon_n^{\mathrm{e}} = \frac{p_n}{E_n} \qquad (5.90)$$

则 $\varepsilon_n^{\mathrm{p}}$ 按下式计算

$$\varepsilon_n^{\mathrm{p}} = \lambda_1 \frac{\partial g_1}{\partial p_n} \qquad (5.91)$$

式中，$g_1 = p_n$ 相当于塑性力学中的塑性势函数；$\lambda_1 \begin{cases} = 0, & \text{当} f_1 < 0 \\ \geqslant 0, & \text{当} f_1 = 0 \end{cases}$ 相当于流动因子。

利用式(5.89)~式(5.91)将法向本构关系写为

$$p_n = E_n(\varepsilon_n - \varepsilon_n^{\mathrm{p}}) = E_n \varepsilon_n - E_n \frac{\partial g_1}{\partial p_n} \lambda_1 \tag{5.92}$$

2) 切向接触条件与本构模型

在接触点切平面内，接触应力应满足 Coulomb 定律

$$\|\boldsymbol{p}_\tau\| + \mu p_n \leqslant 0 \tag{5.93}$$

式中，$\|\boldsymbol{p}_\tau\| = (p_{\tau_1}^2 + p_{\tau_2}^2)^{\frac{1}{2}}$；$\mu$ 为摩擦系数。

当 $\|\boldsymbol{p}_\tau\| + \mu p_n < 0$ 时，两物体间无相对滑动，即 $\varepsilon_{\tau_1} = \varepsilon_{\tau_2} = 0$；当 $\|\boldsymbol{p}_\tau\| + \mu p_n = 0$ 时，则可能产生滑动，有 $\varepsilon_{\tau_1}^2 + \varepsilon_{\tau_2}^2 \geqslant 0$。与此相似的理想刚塑性体的屈服函数可表示为

$$f_2 = p_{\tau_1}^2 + p_{\tau_2}^2 - \mu^2 p_n^2 \tag{5.94}$$

同样，可设 ε_{τ_i} 分解为弹性相对位移 $\varepsilon_{\tau_i}^{\mathrm{e}}$ 与滑动相对位移 $\varepsilon_{\tau_i}^{\mathrm{p}}$，即

$$\varepsilon_{\tau_i} = \varepsilon_{\tau_i}^{\mathrm{e}} + \varepsilon_{\tau_i}^{\mathrm{p}} \tag{5.95}$$

式中，$\varepsilon_{\tau_i}^{\mathrm{e}}$ 与 p_{τ_i} 之间满足

$$\varepsilon_{\tau_i}^{\mathrm{e}} = \frac{p_{\tau_i}}{E_{\tau_i}} \tag{5.96}$$

则 $\varepsilon_{\tau_i}^{\mathrm{p}}$ 按下式计算

$$\varepsilon_{\tau_i}^{\mathrm{p}} = \lambda_2 \frac{\partial g_2}{\partial p_{\tau_i}} \tag{5.97}$$

式中，$g_2 = p_{\tau_1}^2 + p_{\tau_2}^2$；$\lambda_2 \begin{cases} = 0, & 当 f_2 < 0 \\ \geqslant 0, & 当 f_2 = 0 \end{cases}$。

由式 (5.95)~式 (5.97) 可得切向本构方程

$$p_{\tau_i} = E_{\tau_i}(\varepsilon_{\tau_i} - \varepsilon_{\tau_i}^{\mathrm{p}}) = E_{\tau_i} \varepsilon_{\tau_i} - E_{\tau_i} \frac{\partial g_2}{\partial p_{\tau_i}} \lambda_2 \tag{5.98}$$

综合式 (5.92) 和式 (5.98) 可将三维摩擦接触问题的本构模型用矩阵表示为

$$\boldsymbol{p}_{\mathrm{c}} = \boldsymbol{D}_{\mathrm{c}} \varepsilon_{\mathrm{c}} - \boldsymbol{D}_{\mathrm{c}} \frac{\partial \boldsymbol{g}}{\partial \boldsymbol{p}_{\mathrm{c}}} \lambda \tag{5.99}$$

式中，$\boldsymbol{p}_{\mathrm{c}} = [p_{\tau_1}, p_{\tau_2}, p_n]^{\mathrm{T}}$；$\varepsilon_{\mathrm{c}} = [\varepsilon_{\tau_1}, \varepsilon_{\tau_2}, \varepsilon_n]^{\mathrm{T}}$；$\boldsymbol{D}_{\mathrm{c}} = \mathrm{diag}[E_{\tau_1}, E_{\tau_2}, E_n]^{\mathrm{T}}$；$E_{\tau_1} = E_{\tau_2} = E_n = E$ 为罚因子，当 $E \to \infty$ 时式 (5.99) 就准确反映了三维摩擦接触的边界条件；

$$\boldsymbol{\lambda} = [\lambda_1, \lambda_2]^{\mathrm{T}} \; ; \quad \frac{\partial \boldsymbol{g}}{\partial \boldsymbol{p}_{\mathrm{c}}} = \begin{bmatrix} \dfrac{\partial g_1}{\partial p_{\tau_1}} & \dfrac{\partial g_1}{\partial p_{\tau_2}} & \dfrac{\partial g_1}{\partial p_n} \\[3mm] \dfrac{\partial g_2}{\partial p_{\tau_1}} & \dfrac{\partial g_2}{\partial p_{\tau_2}} & \dfrac{\partial g_2}{\partial p_n} \end{bmatrix}^{\mathrm{T}} \, 。$$

5.2.2　接触问题的增量描述与互补虚功方程

1）三维摩擦接触问题的增量描述

在可能接触边界 S_{c} 上，设当前状态下的位移为 $\boldsymbol{u}_{\mathrm{c}}^{(\alpha)} = [u_{\tau_1}^{(\alpha)}, u_{\tau_2}^{(\alpha)}, u_n^{(\alpha)}]^{\mathrm{T}}$，$(\alpha=1,2)$，接触力为 $\boldsymbol{p}_{\mathrm{c}} = [p_{\tau_1}, p_{\tau_2}, p_n]^{\mathrm{T}}$，接触间隙为 δ_n^0；在荷载增量作用后，相应的位移和接触力分别为

$$\boldsymbol{u}_{\mathrm{c}}^{(\alpha)} + \mathrm{d}\boldsymbol{u}_{\mathrm{c}}^{(\alpha)} = [u_{\tau_1}^{(\alpha)} + \mathrm{d}u_{\tau_1}^{(\alpha)}, u_{\tau_2}^{(\alpha)} + \mathrm{d}u_{\tau_2}^{(\alpha)}, u_n^{(\alpha)} + \mathrm{d}u_n^{(\alpha)}]^{\mathrm{T}}, \quad (\alpha=1,2)$$

与

$$\boldsymbol{p}_{\mathrm{c}} + \mathrm{d}\boldsymbol{p}_{\mathrm{c}} = [p_{\tau_1} + \mathrm{d}p_{\tau_1}, p_{\tau_2} + \mathrm{d}p_{\tau_2}, p_n + \mathrm{d}p_n]^{\mathrm{T}} \, 。$$

定义接触相对位移增量为

$$\mathrm{d}\boldsymbol{\varepsilon}_{\mathrm{c}} = \begin{bmatrix} \mathrm{d}\varepsilon_{\mathrm{c}1} \\ \mathrm{d}\varepsilon_{\mathrm{c}2} \\ \mathrm{d}\varepsilon_{\mathrm{c}3} \end{bmatrix} = \begin{bmatrix} \mathrm{d}\Delta u_{\mathrm{c}1} \\ \mathrm{d}\Delta u_{\mathrm{c}2} \\ \mathrm{d}\Delta u_{\mathrm{c}3} \end{bmatrix} + \begin{bmatrix} \delta_1 \\ \delta_2 \\ \delta_3 \end{bmatrix} \tag{5.100}$$
$$= \mathrm{d}\Delta\boldsymbol{u}_{\mathrm{c}} + \boldsymbol{\delta}_{\mathrm{c}}$$

式中，$\mathrm{d}\Delta u_{\mathrm{c}i} = \mathrm{d}u_{\tau_i}^{(1)} - \mathrm{d}u_{\tau_i}^{(2)}$，$(i=1,2)$，$\mathrm{d}\Delta u_{\mathrm{c}3} = \mathrm{d}u_n^{(1)} - \mathrm{d}u_n^{(2)}$；$\delta_1 = \delta_2 = 0$，$\delta_3 = \delta_n^0$。

将 $\mathrm{d}\varepsilon_{\mathrm{c}i}$ 分解为弹性部分 $\mathrm{d}\varepsilon_{\mathrm{c}i}^{\mathrm{e}}$ 和塑性部分 $\mathrm{d}\varepsilon_{\mathrm{c}i}^{\mathrm{p}}$，即

$$\mathrm{d}\varepsilon_{\mathrm{c}i} = \mathrm{d}\varepsilon_{\mathrm{c}i}^{\mathrm{e}} + \mathrm{d}\varepsilon_{\mathrm{c}i}^{\mathrm{p}} \tag{5.101}$$

塑性相对位移增量为

$$\mathrm{d}\varepsilon_{\mathrm{c}i}^{\mathrm{p}} = \lambda_k \frac{\partial g_k}{\partial p_{\mathrm{c}i}} \tag{5.102}$$

接触力增量为

$$\mathrm{d}p_{\mathrm{c}i} = D_{\mathrm{c}ij}(\mathrm{d}\varepsilon_{\mathrm{c}j} - \mathrm{d}\varepsilon_{\mathrm{c}j}^{\mathrm{p}}) = D_{\mathrm{c}ij}\mathrm{d}\varepsilon_{\mathrm{c}j} - D_{\mathrm{c}ij}\frac{\partial g_k}{\partial p_{\mathrm{c}j}}\lambda_k \tag{5.103}$$

将屈服函数 $f_m\,(m=1,2)$ 作 Taylor 展开并取一次项有

$$f_m(\mathrm{d}\Delta u_k, \lambda_k) = f_m^0 + \frac{\partial f_m}{\partial p_{ci}}\mathrm{d}p_{ci}$$

$$= f_m^0 + \frac{\partial f_m}{\partial p_{ci}}D_{cij}\mathrm{d}\Delta u_{cj} + \frac{\partial f_m}{\partial p_{ci}}D_{cij}\delta_{cj} - \frac{\partial f_m}{\partial p_{ci}}D_{cij}\frac{\partial g_k}{\partial p_{ci}}\lambda_k \quad (5.104)$$

$$= f_m^0 + \frac{\partial f_m}{\partial p_{ci}}D_{cij}T_{jk}\mathrm{d}\Delta u_k + \frac{\partial f_m}{\partial p_{ci}}D_{cij}\delta_{cj} - \frac{\partial f_m}{\partial p_{ci}}D_{cij}\frac{\partial g_k}{\partial p_{ci}}\lambda_k$$

式中，$\mathrm{d}\Delta u_k$ 为整体坐标系下的相对位移增量；T_{jk} 为整体坐标系到局部坐标系的转换张量。

综合以上分析，S_c 上的接触条件用增量表示应包括本构方程

$$\mathrm{d}p_{ci} = D_{cij}\mathrm{d}\varepsilon_{cj} - D_{cij}\frac{\partial g_k}{\partial p_{cj}}\lambda_k \quad (5.105)$$

和互补条件

$$\begin{cases} f_m^0 + \frac{\partial f_m}{\partial p_{ci}}D_{cij}T_{jk}\mathrm{d}\Delta u_k + \frac{\partial f_m}{\partial p_{ci}}D_{cij}\delta_{cj} - \frac{\partial f_m}{\partial p_{ci}}D_{cij}\frac{\partial g_k}{\partial p_{ci}}\lambda_k + v_m = 0 \\ v_m\lambda_m = 0, \quad v_m, \lambda_m \geqslant 0 \end{cases} \quad (5.106)$$

所以，接触问题的增量描述可表示为：在给定时刻 t，处于平衡状态的结构域 $\Omega = \Omega^{(1)} + \Omega^{(2)}$ 上各点的状态和变形历史已知，在给定荷载增量作用后，应力增量 $\mathrm{d}\sigma_{ij}$ 和位移增量 $\mathrm{d}u_i$ 或应变增量 $\mathrm{d}\varepsilon_{ij}$ 应满足：

平衡方程 $\qquad \mathrm{d}\sigma_{ij,j} + \mathrm{d}b_i = 0, \quad (\text{在}\Omega\text{内}) \quad (5.107)$

几何方程 $\qquad \mathrm{d}\varepsilon_{ij} = \frac{1}{2}(\mathrm{d}u_{i,j} + \mathrm{d}u_{j,i}), \quad (\text{在}\Omega\text{内}) \quad (5.108)$

物理方程 $\qquad \mathrm{d}\sigma_{ij} = D_{ijkl}\mathrm{d}\varepsilon_{kl}, \quad (\text{在}\Omega\text{内}) \quad (5.109)$

已知面力边界条件 $\qquad \mathrm{d}\sigma_{ij}n_j = \mathrm{d}\overline{p}_i, \quad (\text{在}S_p\text{上}) \quad (5.110)$

已知位移边界条件 $\qquad \mathrm{d}u_i = \mathrm{d}\overline{u}_i, \quad (\text{在}S_u\text{上}) \quad (5.111)$

以及 S_c 上的接触条件式(5.105)和式(5.106)。

2) 互补虚功方程的导出

设有虚位移增量 $\delta\mathrm{d}u_i$，在 S_u 上满足 $\delta\mathrm{d}u_i = 0$，将 $\delta\mathrm{d}u_i$ 乘以式(5.107)并在区域内积分得

$$\int_\Omega \mathrm{d}\sigma_{ij,j}\delta\mathrm{d}u_i\mathrm{d}\Omega + \int_\Omega \mathrm{d}b_i\delta\mathrm{d}u_i\mathrm{d}\Omega = 0 \quad (5.112)$$

利用分部积分和 S_p 上的边界条件式(5.110)，上式成为

$$\int_\Omega d\sigma_{ij}\delta du_{i,j}d\Omega - \int_{S_c} d\sigma_{ij}n_j\delta du_i dS = \int_\Omega \delta du_i db_i d\Omega + \int_{S_p} \delta du_i d\overline{p}_i dS \qquad (5.113)$$

式中,

$$\int_{S_c} \delta du_i d\sigma_{ij}n_j dS = \int_{S_c^{(1)}} \delta du_i^{(1)}(-dp_i)dS + \int_{S_c^{(2)}} \delta du_i^{(2)}dp_i dS$$

$$= -\int_{S_c} \delta(du_i^{(1)} - du_i^{(2)})dp_i dS = -\int_{S_c} \delta(du_i^{(1)} - du_i^{(2)})T_{ji}dp_{cj}dS$$

$$= -\int_{S_c} \delta d\Delta u_i T_{ji} D_{cjk}d\Delta u_{ck}dS - \int_{S_c} \delta d\Delta u_i T_{ji} D_{cjk}\delta_{ck}dS + \int_{S_c} \delta d\Delta u_i T_{ji} D_{cjk}\frac{\partial g_m}{\partial p_{ck}}\lambda_m dS$$

$$= -\int_{S_c} \delta d\Delta u_i T_{ji} D_{cjk}T_{kl}d\Delta u_l dS - \int_{S_c} \delta d\Delta u_i T_{ji} D_{cjk}\delta_{ck}dS + \int_{S_c} \delta d\Delta u_i T_{ji} D_{cjk}\frac{\partial g_m}{\partial p_{ck}}\lambda_m dS$$

(5.114)

这里, $dp_i(i=1,2,3)$ 为接触力在整体坐标系下的分量。

将式(5.114)代入式(5.113)得接触问题的虚功方程为

$$\int_\Omega \delta d\varepsilon_{ij} D_{ijkl}d\varepsilon_{kl}d\Omega + \int_{S_c} \delta d\Delta u_i T_{ji} D_{cjk}T_{kl}d\Delta u_l dS$$

$$= \int_\Omega \delta du_i db_i d\Omega + \int_{S_p} \delta du_i d\overline{p}_i dS + \int_{S_c} \delta d\Delta u_i T_{ji} D_{cjk}\frac{\partial g_m}{\partial p_{ck}}\lambda_m dS - \int_{S_c} \delta d\Delta u_i T_{ji} D_{cjk}\delta_{ck}dS$$

(5.115)

在上式的推导中已经应用了接触边界的本构方程式(5.105),面力边界条件式(5.110),同时,几何方程(5.108)和位移边界条件式(5.111)自然满足。所以虚功方程式(5.115)还应受到接触边界互补条件式(5.106)的限制,综合两者就构成了接触问题的互补虚功方程。

5.2.3　有限元离散与线性互补模型

1)接触问题的有限元—线性互补模型

设坝体区域用空间8结点等参单元划分,单元总数为 N_E,划分时应注意使相邻坝段在接缝边界上的结点成对出现。构造图5.5所示接缝单元,该单元由四对接触点对(1-5,2-6,3-7,4-8)组成。

设有限元离散后接触单元总数为 N_c,每个接触单元处于同一接触状态。在接触单元内部,相对位移增量 $d\Delta u_i$、接触间隙 δ_{ci} 等均可利用如下形函数插值

$$N_i = \frac{1}{4}(1 + \xi_i\xi)(1 + \eta_i\eta), \quad (i = 1,2,3,4) \qquad (5.116)$$

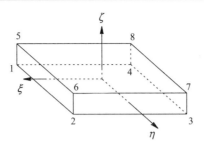

图 5.5 接缝单元

写成矩阵形式有

$$\mathrm{d}\Delta\boldsymbol{u} = \begin{bmatrix} -\boldsymbol{N}_{\mathrm{u}1} & \cdots & -\boldsymbol{N}_{\mathrm{u}4} & \boldsymbol{N}_{\mathrm{u}1} & \cdots & \boldsymbol{N}_{\mathrm{u}4} \end{bmatrix} \begin{bmatrix} \mathrm{d}\boldsymbol{u}_1 \\ \mathrm{d}\boldsymbol{u}_2 \\ \vdots \\ \mathrm{d}\boldsymbol{u}_8 \end{bmatrix} = \boldsymbol{N}_{\mathrm{c}}\mathrm{d}\boldsymbol{u}^e \tag{5.117}$$

$$\boldsymbol{\delta}_{\mathrm{c}} = \begin{bmatrix} \boldsymbol{N}_{\delta 1} & \boldsymbol{N}_{\delta 2} & \cdots & \boldsymbol{N}_{\delta 4} \end{bmatrix} \begin{bmatrix} \boldsymbol{\delta}_{\mathrm{c}1} \\ \boldsymbol{\delta}_{\mathrm{c}2} \\ \vdots \\ \boldsymbol{\delta}_{\mathrm{c}4} \end{bmatrix} = \boldsymbol{N}_{\delta}\boldsymbol{\delta}_{\mathrm{c}}^e \tag{5.118}$$

这里，$\boldsymbol{N}_{\mathrm{u}i} = \boldsymbol{N}_{\delta i} = \mathrm{diag}(N_i, N_i, N_i)$，$\mathrm{d}\boldsymbol{u}_i = [\mathrm{d}u_{ix}, \mathrm{d}u_{iy}, \mathrm{d}u_{iz}]^{\mathrm{T}}$，$\boldsymbol{\delta}_{\mathrm{c}i} = [\delta_{i\tau_1}, \delta_{i\tau_2}, \delta_{in}]^{\mathrm{T}} = [0, 0, \delta_{\mathrm{n}}]^{\mathrm{T}}$。

虚功方程式 (5.115) 经离散化后为

$$\left(\delta \mathrm{d}\boldsymbol{u}\right)^{\mathrm{T}} \boldsymbol{K} \mathrm{d}\boldsymbol{u} = \left(\delta \mathrm{d}\boldsymbol{u}\right)^{\mathrm{T}} \left(\boldsymbol{H}\boldsymbol{\lambda} + \mathrm{d}\boldsymbol{P}\right) \tag{5.119}$$

式中，

$$\boldsymbol{K} = \sum_{e=1}^{N_{\mathrm{E}}} \boldsymbol{C}_{\mathrm{u}}^{e\mathrm{T}} \boldsymbol{k}^e \boldsymbol{C}_{\mathrm{u}}^e + \sum_{e=1}^{N_{\mathrm{c}}} \boldsymbol{C}_{\mathrm{u}}^{e\mathrm{T}} \boldsymbol{k}_{\mathrm{c}}^e \boldsymbol{C}_{\mathrm{u}}^e ,$$

$$\boldsymbol{k}^e = \int_{\Omega^e} \boldsymbol{B}^{\mathrm{T}} \boldsymbol{D} \boldsymbol{B} \mathrm{d}\Omega , \quad \boldsymbol{k}_{\mathrm{c}}^e = \int_{S_{\mathrm{c}}^e} \boldsymbol{N}_{\mathrm{c}}^{\mathrm{T}} \boldsymbol{T}^{\mathrm{T}} \boldsymbol{D}_{\mathrm{c}} \boldsymbol{T} \boldsymbol{N}_{\mathrm{c}} \mathrm{d}S ;$$

$$\mathrm{d}\boldsymbol{P} = \sum_{e=1}^{N_{\mathrm{E}}} \boldsymbol{C}_{\mathrm{u}}^{e\mathrm{T}} \mathrm{d}\boldsymbol{p}_0^e - \sum_{e=1}^{N_{\mathrm{c}}} \boldsymbol{C}_{\mathrm{u}}^{e\mathrm{T}} \mathrm{d}\boldsymbol{p}_{\delta}^e ,$$

$$\mathrm{d}\boldsymbol{p}_0^e = \int_{\Omega^e} \boldsymbol{N}^{\mathrm{T}} \mathrm{d}\boldsymbol{b} \mathrm{d}\Omega + \int_{S_{\mathrm{p}}^e} \boldsymbol{N}^{\mathrm{T}} \mathrm{d}\bar{\boldsymbol{P}} \mathrm{d}S , \quad \mathrm{d}\boldsymbol{p}_{\delta}^e = \int_{S_{\mathrm{c}}^e} \boldsymbol{N}_{\mathrm{c}}^{\mathrm{T}} \boldsymbol{T}^{\mathrm{T}} \boldsymbol{D}_{\mathrm{c}} \boldsymbol{N}_{\delta} \boldsymbol{\delta}_{\mathrm{c}}^e \mathrm{d}S ;$$

$$\boldsymbol{H} = \sum_{e=1}^{N_{\mathrm{c}}} \boldsymbol{C}_{\mathrm{u}}^{e\mathrm{T}} \boldsymbol{h}^e \boldsymbol{C}_{\lambda}^e , \quad \boldsymbol{h}^e = \int_{S_{\mathrm{c}}^e} \boldsymbol{N}_{\mathrm{c}}^{\mathrm{T}} \boldsymbol{T}^{\mathrm{T}} \boldsymbol{D}_{\mathrm{c}} \frac{\partial \boldsymbol{g}}{\partial \boldsymbol{p}_{\mathrm{c}}} \mathrm{d}S 。$$

这里，$\boldsymbol{C}_{\mathrm{u}}^e$ 和 $\boldsymbol{C}_{\lambda}^e$ 分别为单元的自由度选择矩阵和流动参数选择矩阵。

考虑到虚位移增量 $\delta \mathrm{d}\boldsymbol{u}$ 的任意性，可得

$$\boldsymbol{K}\mathrm{d}\boldsymbol{u} = \boldsymbol{H}\boldsymbol{\lambda} + \mathrm{d}\boldsymbol{P} \tag{5.120}$$

接触边界的互补条件式(5.106)的离散化形式为

$$\begin{cases} \boldsymbol{W}\mathrm{d}\boldsymbol{u} - \boldsymbol{M}\boldsymbol{\lambda} + \boldsymbol{d} + \boldsymbol{v} = 0 \\ \boldsymbol{v}^{\mathrm{T}}\boldsymbol{\lambda} = 0 \qquad \boldsymbol{v}, \boldsymbol{\lambda} \geqslant 0 \end{cases} \tag{5.121}$$

式中,

$$\boldsymbol{W} = \sum_{e=1}^{N_{\mathrm{c}}} \boldsymbol{C}_{\lambda}^{e\mathrm{T}} \boldsymbol{w}^e \boldsymbol{C}_{\mathrm{u}}^e , \quad \boldsymbol{w}^e = \int_{S_{\mathrm{c}}^e} \left(\frac{\partial \boldsymbol{f}}{\partial \boldsymbol{p}_{\mathrm{c}}}\right)^{\mathrm{T}} \boldsymbol{D}_{\mathrm{c}} \boldsymbol{T} \boldsymbol{N}_{\mathrm{c}} \mathrm{d}S ;$$

$$\boldsymbol{M} = \sum_{e=1}^{N_{\mathrm{c}}} \boldsymbol{C}_{\lambda}^{e\mathrm{T}} \boldsymbol{m}^e \boldsymbol{C}_{\lambda}^e , \quad \boldsymbol{m}^e = \int_{S_{\mathrm{c}}^e} \left(\frac{\partial \boldsymbol{f}}{\partial \boldsymbol{p}_{\mathrm{c}}}\right)^{\mathrm{T}} \boldsymbol{D}_{\mathrm{c}} \frac{\partial \boldsymbol{g}}{\partial \boldsymbol{p}_{\mathrm{c}}} \mathrm{d}S ;$$

$$\boldsymbol{d} = \sum_{e=1}^{N_{\mathrm{c}}} \boldsymbol{C}_{\lambda}^{e\mathrm{T}} \boldsymbol{d}_{f^0}^e - \sum_{e=1}^{N_{\mathrm{c}}} \boldsymbol{C}_{\lambda}^{e\mathrm{T}} \boldsymbol{d}_{\delta}^e , \quad \boldsymbol{d}_{f^0}^e = \int_{S_{\mathrm{c}}^e} \boldsymbol{f}^{0e} \mathrm{d}S , \quad \boldsymbol{d}_{\delta}^e = \int_{S_{\mathrm{c}}^e} \left(\frac{\partial \boldsymbol{f}}{\partial \boldsymbol{p}_{\mathrm{c}}}\right)^{\mathrm{T}} \boldsymbol{D}_{\delta} \boldsymbol{N}_{\delta} \boldsymbol{\delta}_{\mathrm{c}}^e \mathrm{d}S .$$

由式(5.120)解出 $\mathrm{d}\boldsymbol{u}$ 后,代入式(5.121)得

$$\begin{cases} \boldsymbol{v} - \boldsymbol{\Phi} \cdot \boldsymbol{\lambda} = \mathrm{d}\boldsymbol{q} \\ \boldsymbol{v}^{\mathrm{T}}\boldsymbol{\lambda} = 0 \qquad \boldsymbol{v}, \boldsymbol{\lambda} \geqslant 0 \end{cases} \tag{5.122}$$

式中, $\boldsymbol{\Phi} = \boldsymbol{M} - \boldsymbol{W}\boldsymbol{K}^{-1}\boldsymbol{H}$, $\mathrm{d}\boldsymbol{q} = -\boldsymbol{d} - \boldsymbol{W}\boldsymbol{K}^{-1}\mathrm{d}\boldsymbol{P}$ 两者均只与增量发生前的量有关。

式(5.122)所表示的线性互补模型在形式上与上节中给出的弹塑性问题的线性互补模型完全一致,是一个标准的线性互补问题。

2) 接触单元相关矩阵

设整体坐标到接触面局部坐标的转换矩阵写为

$$\boldsymbol{T} = \begin{bmatrix} \tau_{1x} & \tau_{1y} & \tau_{1z} \\ \tau_{2x} & \tau_{2y} & \tau_{2z} \\ n_x & n_y & n_z \end{bmatrix} = \begin{bmatrix} \boldsymbol{\tau}_1 \\ \boldsymbol{\tau}_2 \\ \boldsymbol{n} \end{bmatrix} \tag{5.123}$$

式中, τ_{ix}、τ_{iy}、τ_{iz} 及 n_x、n_y、n_z 分别为单位向量 $\boldsymbol{\tau}_i$ 和 $\boldsymbol{n}$ 在整体坐标 x、y、z 方向的分量。

为了计算接触单元内某一点 O 的坐标转换矩阵,首先要确定该点的接触面局部正交坐标系 $\boldsymbol{\tau}_1$、$\boldsymbol{\tau}_2$、$\boldsymbol{n}$,这需要考虑三套坐标系(整体坐标系、局部正交坐标系和接触面等参单元自然坐标系)的关系,参见图 5.6。

沿等参单元坐标 ξ、η 方向取向量 $\boldsymbol{V}_\xi$、$\boldsymbol{V}_\eta$ 为

$$\boldsymbol{V}_\xi = \begin{bmatrix} V_{\xi x} & V_{\xi y} & V_{\xi z} \end{bmatrix} = \begin{bmatrix} \dfrac{\partial x}{\partial \xi} & \dfrac{\partial y}{\partial \xi} & \dfrac{\partial z}{\partial \xi} \end{bmatrix} \tag{5.124}$$

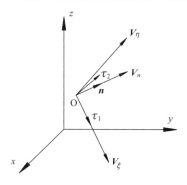

图 5.6 坐标系示意图

$$V_\eta = \begin{bmatrix} V_{\eta x} & V_{\eta y} & V_{\eta z} \end{bmatrix} = \begin{bmatrix} \dfrac{\partial x}{\partial \eta} & \dfrac{\partial y}{\partial \eta} & \dfrac{\partial z}{\partial \eta} \end{bmatrix} \tag{5.125}$$

作垂直于接触面的向量 V_n 为

$$V_n = V_\xi \times V_\eta = \begin{vmatrix} \boldsymbol{i} & \boldsymbol{j} & \boldsymbol{k} \\ \dfrac{\partial x}{\partial \xi} & \dfrac{\partial y}{\partial \xi} & \dfrac{\partial z}{\partial \xi} \\ \dfrac{\partial x}{\partial \eta} & \dfrac{\partial y}{\partial \eta} & \dfrac{\partial z}{\partial \eta} \end{vmatrix} = V_{nx}\boldsymbol{i} + V_{ny}\boldsymbol{j} + V_{nz}\boldsymbol{k} \tag{5.126}$$

式中，$V_{nx} = \dfrac{\partial y}{\partial \xi}\dfrac{\partial z}{\partial \eta} - \dfrac{\partial y}{\partial \eta}\dfrac{\partial z}{\partial \xi}$；$V_{ny} = \dfrac{\partial z}{\partial \xi}\dfrac{\partial x}{\partial \eta} - \dfrac{\partial z}{\partial \eta}\dfrac{\partial x}{\partial \xi}$；$V_{nz} = \dfrac{\partial x}{\partial \xi}\dfrac{\partial y}{\partial \eta} - \dfrac{\partial x}{\partial \eta}\dfrac{\partial y}{\partial \xi}$；$\boldsymbol{i}$、$\boldsymbol{j}$ 和 $\boldsymbol{k}$ 分别为整体坐标系中 x、y、z 方向的单位向量。

则接触面局部坐标系中垂直于接触面的单位向量 $\boldsymbol{n}$ 为

$$\boldsymbol{n} = \frac{V_n}{|V_n|} = \begin{bmatrix} n_x & n_y & n_z \end{bmatrix} \tag{5.127}$$

式中，$n_x = \dfrac{V_{nx}}{|V_n|}$，$n_y = \dfrac{V_{ny}}{|V_n|}$，$n_z = \dfrac{V_{nz}}{|V_n|}$，$|V_n| = \sqrt{V_{nx}^2 + V_{ny}^2 + V_{nz}^2}$。

设接触面内的单位向量 $\boldsymbol{\tau}_1$ 沿 V_ξ 方向，即

$$\boldsymbol{\tau}_1 = \frac{V_\xi}{|V_\xi|} = \begin{bmatrix} \tau_{1x} & \tau_{1y} & \tau_{1z} \end{bmatrix} \tag{5.128}$$

式中，$\tau_{1x} = \dfrac{V_{\xi x}}{|V_\xi|}$，$\tau_{1y} = \dfrac{V_{\xi y}}{|V_\xi|}$，$\tau_{1z} = \dfrac{V_{\xi z}}{|V_\xi|}$，$|V_\xi| = \sqrt{V_{\xi x}^2 + V_{\xi y}^2 + V_{\xi z}^2}$。

则单位向量 $\boldsymbol{\tau}_2$ 为

$$\boldsymbol{\tau}_2 = \boldsymbol{n} \times \boldsymbol{\tau}_1 = \begin{bmatrix} \tau_{2x} & \tau_{2y} & \tau_{2z} \end{bmatrix} \tag{5.129}$$

式中，$\tau_{2x} = n_y\tau_{1z} - \tau_{1y}n_z$，$\tau_{2y} = n_z\tau_{1x} - \tau_{1z}n_x$，$\tau_{2z} = n_x\tau_{1y} - \tau_{1x}n_y$。

将式(5.127)、式(5.128)和式(5.129)代入式(5.123)即得接触面单元的坐标转换矩阵。

有了单元的坐标转换矩阵以后，计算势矩阵 $\boldsymbol{H}$ 与约束阵 $\boldsymbol{W}$ 的关键就在于 $\dfrac{\partial \boldsymbol{f}}{\partial \boldsymbol{p}_c}$ 和 $\dfrac{\partial \boldsymbol{g}}{\partial \boldsymbol{p}_c}$ 的计算，下面给出两者的具体表达式。

记 $\boldsymbol{f} = [f_1, f_2] = [p_n, p_{\tau 1}^2 + p_{\tau 2}^2 - \mu^2 p_n^2]$，$\boldsymbol{g} = [g_1, g_2] = [p_n, p_{\tau 1}^2 + p_{\tau 2}^2]$，$\boldsymbol{p}_c = [p_{\tau 1}, p_{\tau 2}, p_n]^{\mathrm{T}}$。则

$$\frac{\partial \boldsymbol{f}}{\partial \boldsymbol{p}_c} = \begin{bmatrix} 0 & 2p_{\tau 1} \\ 0 & 2p_{\tau 2} \\ 1 & -2\mu^2 p_n \end{bmatrix}, \quad \frac{\partial \boldsymbol{g}}{\partial \boldsymbol{p}_c} = \begin{bmatrix} 0 & 2p_{\tau 1} \\ 0 & 2p_{\tau 2} \\ 1 & 0 \end{bmatrix} \tag{5.130}$$

5.3　基于整体安全度的拱坝体形优化设计

5.3.1　拱坝整体安全度分析方法

拱坝整体安全性指拱坝-地基系统维持整体稳定，不致因发生整体破坏而丧失承载能力的一种力学特性。研究拱坝整体安全性的手段主要有两种，即数值模拟和地质力学模型试验。其基本思想都是基于极限平衡的原理，通过超载法、强度储备法或综合法等使拱坝-地基系统达到破坏前的极限平衡状态，再根据其与正常使用状态的差别来评价拱坝的整体安全度。

在地质力学模型试验中，常用的是超载法，其长期以来为人们所接受和应用，并有与之相应的安全评价指标[16,17]。张林和陈建叶[18]采用变温相似材料来实现降低岩体和结构面强度的目的，采用强度储备法和综合法对多座拱坝进行了整体稳定的地质力学模型试验研究。地质力学模型试验法可以直观地反映拱坝-地基系统的整个破坏过程，但是试验周期长、费用高，而且变温等拱坝的主要荷载难以施加。随着计算机的发展以及结构数值仿真技术水平的提高，数值模拟已经越来越广泛地应用于拱坝整体安全性研究。数值模拟通常采用渐进分析的方法，逐步增加荷载或降低强度，使拱坝-地基系统达到破坏前的极限平衡状态。其中一个关键问题是如何建立系统达到极限平衡状态的判据，常用的判据有任青文提出的收敛性判据和突变性判据[19,20]以及塑性区贯通判据[21]等。收敛性判据认为，在进行弹塑性分析的过程中迭代计算不收敛即标志着系统失稳。塑性区贯通判据认为，如

果结构中某个剖面塑性区连片贯通，则系统不能再承受荷载，达到了极限平衡状态。突变性判据认为，系统的极限平衡状态是系统从一个平衡状态向另一个平衡状态转变或者从一个平衡状态向非平衡状态转变的临界点，在其前后系统的状态发生了突变，因此可以利用反映系统突变的现象来判断其极限平衡状态。突变性判据常利用特征点的位移荷载曲线[21]或位移强度曲线[22]，其突变点对应着系统的极限平衡状态。由于位移是局部参量，有人采用系统的应变能[23]或塑性应变能[24]来代替特征点位移。后两种判据通常需要对计算结果的后期处理和主观判断，不便于计算机程序的自动确定。

本书在优化过程中采用收敛性判据，超载方法采用水容重超载法，定义超载系数为

$$\beta = \frac{\gamma}{\gamma_0} \tag{5.131}$$

式中，γ为计算水容重；γ_0为实际库水容重。

确定拱坝整体安全度就是求最大超载系数$\beta_{\max}$，本书采用弹塑性增量渐进法，通过不断增加超载系数进行弹塑性增量分析，直至计算不收敛。具体计算流程如下。

(1)基本荷载分析：进行拱坝在设计荷载作用下的非线性有限元分析，记荷载步$k=0$，超载系数$\beta_0 = 1$。

(2)增量渐进分析：①给定超载系数初始增量$\Delta\beta_0$，收敛标准ε_β；②$k=k+1$，$\beta_k = \beta_{k-1} + \Delta\beta_{k-1}$；③结构非线性有限元分析，若计算收敛，$\Delta\beta_k = \Delta\beta_{k-1}$，转②；否则，$\Delta\beta_{k-1} = \dfrac{\Delta\beta_{k-1}}{2}$，$k=k-1$，转④；④若$\Delta\beta_k \geqslant \varepsilon_\beta$，转②；否则$\beta_{\max} = \beta_k$，计算结束。

以第 4 章中拱坝为例，地基采用 Drucker-Prager 准则，坝体混凝土采用 H-T-C 四参数准则，其中，A=2.0108，B=0.9714，C=9.1412，D=0.2312，f_c=40MPa。

按上述增量分析方法计算得拱坝整体安全系数为 4.50。图 5.7~图 5.9 给出了不同超载系数下坝体屈服开裂区。拱坝在基本荷载作用下处于弹性状态，起裂超载系数为 1.25，超载系数为 2.50 时下游面中部拱冠附近出现开裂，超载系数为 3.50 时下游坝趾开始受压屈服，随着超载系数的进一步增大，坝趾屈服区与中上部的屈服开裂区逐步连通而丧失承载力。

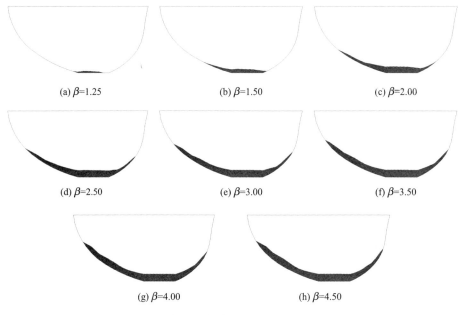

(a) β=1.25　　　　(b) β=1.50　　　　(c) β=2.00

(d) β=2.50　　　　(e) β=3.00　　　　(f) β=3.50

(g) β=4.00　　　　(h) β=4.50

图 5.7　上游面屈服开裂区

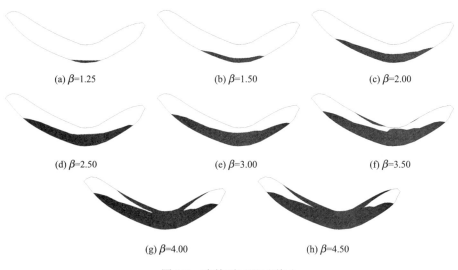

(a) β=1.25　　　　(b) β=1.50　　　　(c) β=2.00

(d) β=2.50　　　　(e) β=3.00　　　　(f) β=3.50

(g) β=4.00　　　　(h) β=4.50

图 5.8　建基面屈服开裂区

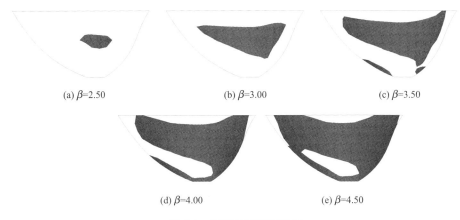

(a) β=2.50　　　　　　　(b) β=3.00　　　　　　　(c) β=3.50

(d) β=4.00　　　　　　　(e) β=4.50

图 5.9　下游面屈服开裂区

5.3.2　考虑整体安全度目标的拱坝体形优化设计

　　由于拱坝的重要性及其失事后果的严重性,人们在考虑拱坝的安全性时,除了要求其在设计荷载作用下具有较好的应力状态,还希望其具有较高的安全储备。本节拟考虑整体安全度目标进行拱坝体形优化设计研究。毋庸置疑,拱坝整体安全度的提高必然伴随着坝体体积的增加,而一味提高整体安全度在工程实践中也无必要,所以考虑整体安全度目标进行拱坝体形优化设计时,宜将其与坝体体积等经济性目标结合起来,进行双目标优化。优化模型可表示为

$$
\begin{cases}
\text{find}\ \ \boldsymbol{X} = [x_1,\ x_2,\cdots, x_n]^{\mathrm{T}} \\
\min\ \ \boldsymbol{F}(\boldsymbol{X}) = [V, \beta_{\max}]^{\mathrm{T}} \\
\text{s.t.}\ \ \sigma_{t\max}^{eq} \leqslant [\sigma_{t\max}^{eq}] \\
\ \ \ \ \ \sigma_{c\max}^{eq} \leqslant [\sigma_{c\max}^{eq}] \\
\ \ \ \ \ \varphi_{\max} \leqslant [\varphi_{\max}] \\
\ \ \ \ \ g_j(\boldsymbol{X}) \leqslant 0,\ \ (j = 1, 2, \cdots, p)
\end{cases} \tag{5.132}
$$

式中,$\sigma_{t\max}^{eq}$ 和 $\sigma_{c\max}^{eq}$ 为基本荷载作用下坝体弹性状态的最大有限元等效拉、压应力。

　　对于第 4 章所讨论的拱坝,具体优化模型为

$$
\begin{cases}
\text{find} \quad \boldsymbol{X} = [x_1,\ x_2, \cdots,\ x_{31}]^{\mathrm{T}} \\
\min \quad \boldsymbol{F}(\boldsymbol{X}) = [V, \beta_{\max}]^{\mathrm{T}} \\
\text{s.t.} \quad x_i^{\mathrm{L}} \leqslant x_i \leqslant x_i^{\mathrm{U}}, \quad (i=1,2,\cdots,31) \\
\qquad \sigma_{t\max}^{\mathrm{eq}} \leqslant 1.5\mathrm{MPa} \\
\qquad \sigma_{c\max}^{\mathrm{eq}} \leqslant 10.0\mathrm{MPa} \\
\qquad \varphi \leqslant 100° \\
\qquad K_{\mathrm{u}} \leqslant 0.30 \\
\qquad K_{\mathrm{d}} \leqslant 0.25
\end{cases}
\tag{5.133}
$$

式中，设计变量分布及其上、下限见 4.2.3 节。

表 5.4 给出了优化方案拱坝体形参数。优化方案拱坝整体安全度为 5.25，比初始设计方案提高了 0.75，提高约 16.67%；作为代价，坝体体积从初始设计的 $800.47\times10^4\mathrm{m}^3$，增加到 $822.40\times10^4\mathrm{m}^3$，只增加了约 2.75%。优化体形拱坝起裂超载系数为 1.50，超载系数为 3.00 时下游面中部拱冠附近出现开裂，超载系数为 4.00 时下游坝趾开始受压屈服。图 5.10~图 5.12 给出了不同超载系数下优化体形坝体屈服开裂区。

表 5.4　考虑整体安全度目标优化设计方案拱坝体形参数

高程 /m	拱冠梁参数		左侧拱圈参数			右侧拱圈参数		
	上游面坐标/m	厚度/m	拱端厚度/m	拱冠曲率半径/m	半中心角/(°)	拱端厚度/m	拱冠曲率半径/m	半中心角/(°)
834.0	0.000	14.435	14.990	432.468	45.268	15.292	309.772	43.800
760.0	−34.730	46.176	51.401	307.194	48.730	52.505	240.736	47.334
640.0	−48.875	64.393	82.907	231.695	45.503	82.684	201.657	46.240
545.0	−37.341	76.184	76.577	177.539	10.566	77.479	230.059	17.956

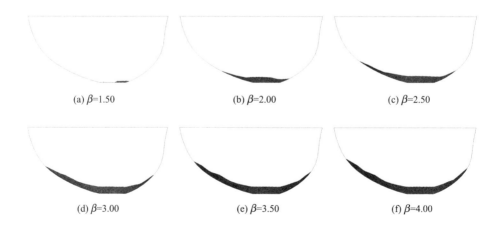

(a) β=1.50　　　　　(b) β=2.00　　　　　(c) β=2.50

(d) β=3.00　　　　　(e) β=3.50　　　　　(f) β=4.00

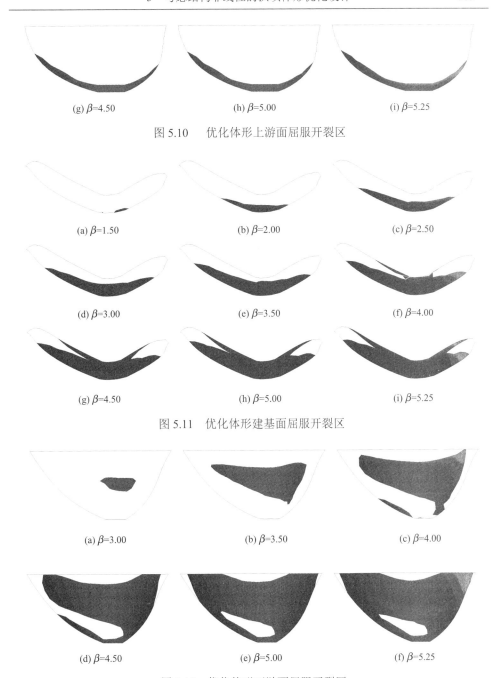

(g) β=4.50   (h) β=5.00   (i) β=5.25

图 5.10   优化体形上游面屈服开裂区

(a) β=1.50   (b) β=2.00   (c) β=2.50

(d) β=3.00   (e) β=3.50   (f) β=4.00

(g) β=4.50   (h) β=5.00   (i) β=5.25

图 5.11   优化体形建基面屈服开裂区

(a) β=3.00   (b) β=3.50   (c) β=4.00

(d) β=4.50   (e) β=5.00   (f) β=5.25

图 5.12   优化体形下游面屈服开裂区

5.4　开裂条件下的拱坝体形优化设计

　　前文讨论的拱坝体形优化模型均要求在基本荷载作用下坝体处于弹性状态，并满足规范关于有限元等效应力的要求。实际上，对高拱坝而言，一方面由于应力水平较高，这样的要求相对比较苛刻，有时不易满足；另一方面，一些工程实践也表明，由于拱坝是一个高次超静定结构，局部开裂并不影响拱坝的整体性[25]。本节拟讨论拱坝开裂条件下的体形优化设计。

　　由于拱坝开裂只是结构的局部行为，为了较准确地计算开裂区域，往往要采用较密的有限元网格，这必然导致优化过程中结构分析的计算规模太大。为了解决反映局部特性与避免扩大计算规模之间的矛盾，本书采用超级有限单元法进行拱坝结构开裂分析。

5.4.1　拱坝开裂分析的超级有限单元法

　　超级有限单元法是一种半连续半离散方法[26]，其基本思想为：选取适当的位移模式将结构离散为有限个高精度等参单元，称为超级元；进一步将超级元离散为若干子单元，子单元的结点位移为超级元的总体自由度所约束，同时形成子单元到所属超级元的转换矩阵，并对子单元进行常规有限元分析以形成其运算矩阵；对每个超级元，将其内部各子单元的运算矩阵转换为相应于超级元结点自由度的运算矩阵，叠加后形成超级元的运算矩阵；然后，采用与常规有限元相同的方法，以超级元的结点自由度为基本未知量形成结构的控制方程；求解控制方程后，再根据超级元的自由度计算出各子单元的力学量，由其应力状态判别子单元是否开裂。

　　在用超级有限元进行拱坝开裂分析时，可选择适当的高精度等参单元为超级元；进一步将超级元离散为若干线性子单元。所有单元均采用等参单元的形式，位移模式为

$$\boldsymbol{u} = \left[u, v, w\right]^{\mathrm{T}} = \boldsymbol{N}\boldsymbol{\delta}^e \qquad (5.134)$$

式中，$\boldsymbol{N}$ 为单元形函数矩阵；$\boldsymbol{\delta}^e$ 为单元自由度向量。

　　子单元的结点位移为超级元的总体自由度约束，可将子单元的自由度向量用超级元的自由度向量表示为

$$\boldsymbol{\delta}_{\mathrm{c}}^e = \begin{bmatrix} \boldsymbol{N}_{\mathrm{s}}^1 \\ \boldsymbol{N}_{\mathrm{s}}^2 \\ \vdots \\ \boldsymbol{N}_{\mathrm{s}}^m \end{bmatrix} \boldsymbol{\delta}_{\mathrm{s}}^e = \boldsymbol{E}_{\mathrm{cs}}\boldsymbol{\delta}_{\mathrm{s}}^e \qquad (5.135)$$

式中，$N_s^i = \left[N_1^i \boldsymbol{I}, N_2^i \boldsymbol{I}, \cdots, N_n^i \boldsymbol{I} \right]$ 为子单元 i 结点处超级元的形函数矩阵；$\boldsymbol{I}$ 为三阶单位矩阵；δ_c^e 和 δ_s^e 分别为子单元与超级元的自由度向量；$\boldsymbol{E}_{cs}$ 为转换矩阵，其阶数是 $3m \times 3n$，对给定的子单元，它的元素是常量，m 和 n 分别为子单元与超级元的结点数。

将式(5.135)代入子单元的位移模式与应变表达式，得相应于超级元自由度 δ_s^e 的子单元位移向量与应变向量为

$$\boldsymbol{u}_c = \boldsymbol{N}_c \delta_c^e = \boldsymbol{N}_c \boldsymbol{E}_{cs} \delta_s^e = \boldsymbol{N}_{cs} \delta_s^e \tag{5.136a}$$

$$\boldsymbol{\varepsilon}_c = \boldsymbol{B}_c \delta_c^e = \boldsymbol{B}_c \boldsymbol{E}_{cs} \delta_s^e = \boldsymbol{B}_{cs} \delta_s^e \tag{5.136b}$$

式中，$\boldsymbol{N}_c$ 和 $\boldsymbol{B}_c$ 分别为子单元的形函数矩阵与应变转换矩阵；$\boldsymbol{N}_{cs}$ 和 $\boldsymbol{B}_{cs}$ 分别为子单元相应于超级元自由度的形函数矩阵与应变转换矩阵，显然有

$$\boldsymbol{N}_{cs} = \boldsymbol{N}_c \boldsymbol{E}_{cs}, \quad \boldsymbol{B}_{cs} = \boldsymbol{B}_c \boldsymbol{E}_{cs} \tag{5.137}$$

根据虚位移原理，相应于超级元自由度 δ_s^e 的子单元劲度矩阵 $\boldsymbol{K}_{cs}^e$ 与荷载列阵 $\boldsymbol{P}_{cs}^e$ 分别为

$$\boldsymbol{K}_{cs}^e = \int \boldsymbol{B}_{cs}^{\mathrm{T}} \boldsymbol{D}_c \boldsymbol{B}_{cs} \mathrm{d}V = \int \boldsymbol{E}_{cs}^{\mathrm{T}} \boldsymbol{B}_c^{\mathrm{T}} \boldsymbol{D}_c \boldsymbol{B}_c \boldsymbol{E}_{cs} \mathrm{d}V$$
$$= \boldsymbol{E}_{cs}^{\mathrm{T}} \boldsymbol{K}_c^e \boldsymbol{E}_{cs} \tag{5.138a}$$

$$\boldsymbol{P}_{cs}^e = \boldsymbol{E}_{cs}^{\mathrm{T}} \boldsymbol{P}_c^e \tag{5.138b}$$

式中，$\boldsymbol{K}_c^e$、$\boldsymbol{P}_c^e$ 和 $\boldsymbol{D}_c$ 分别为子单元按常规有限元分析得到的单元劲度矩阵、荷载列阵与应力-应变关系矩阵。

无论超级元中包含多少个子单元，各子单元的运算矩阵均可按式(5.138)转换为相应于该超级元自由度的运算矩阵，不同的子单元，转换矩阵 $\boldsymbol{E}_{cs}$ 不同。超级元的劲度矩阵 $\boldsymbol{K}_s^e$ 和荷载列阵 $\boldsymbol{P}_s^e$ 等只是所包含的各子单元相应矩阵的简单叠加，即

$$\boldsymbol{K}_s^e = \sum \boldsymbol{K}_{cs}^e \tag{5.139a}$$

$$\boldsymbol{P}_s^e = \sum \boldsymbol{P}_{cs}^e \tag{5.139b}$$

由式(5.139)求得各超级元的运算矩阵后，即可按照常规有限元的方法，将它们集合成整体运算矩阵，从而给出结构的支配方程

$$\boldsymbol{K}\boldsymbol{\delta} = \boldsymbol{P} \tag{5.140}$$

式中，$\boldsymbol{K} = \sum_e \left(\boldsymbol{C}^e \right)^{\mathrm{T}} \boldsymbol{K}_s^e \boldsymbol{C}^e$ 为整体劲度矩阵；$\boldsymbol{P} = \sum_e \left(\boldsymbol{C}^e \right)^{\mathrm{T}} \boldsymbol{P}_s^e$ 为整体荷载向量；$\boldsymbol{\delta} = \sum_e \left(\boldsymbol{C}^e \right)^{\mathrm{T}} \delta_s^e$ 为整体自由度向量；$\boldsymbol{C}^e$ 为单元选择矩阵。

显然，式(5.140)表明求解计算是按超级元自由度进行的，而式(5.138)和式(5.139)表明在计算时充分考虑了每个子单元的特性，并且进行了完全类似于常规有限元的分析过程。

求解式(5.140)并得到 δ_s^e 后，可按下列各式给出每个子单元的各种力学量

$$u_c = N_c E_{cs} \delta_s^e \tag{5.141a}$$

$$\varepsilon_c = B_c E_{cs} \delta_s^e \tag{5.141b}$$

$$\sigma_c = D_c B_c E_{cs} \delta_s^e \tag{5.141c}$$

然后，可出各子单元的应力状态判别其是否开裂。

这样就可以在用高精度元分析的计算规模上，根据需要详细反映拱坝结构的开裂等局部特性。

在拱坝开裂分析中，裂缝的表示方法一般有离散裂缝模型和分布裂缝模型等。本书采用分布裂缝模型，通过修改单元本构关系矩阵来体现裂缝的作用。以子单元形心点为样本点，根据其应力状态按强度准则判断单元是否开裂。子单元一旦开裂，即认为其中出现无数条连续分布的垂直于主拉应力的裂缝，材料变为横观各向同性材料。

拱坝开裂一般发生在坝踵区，这一区域通常呈拉剪受力状态，其破坏模式为拉裂。在拱坝体形优化过程中可采用线弹性拉裂模型进行拱坝开裂分析，该模型基于以下假定：①在发生拉裂破坏前，混凝土为均质线弹性材料，应力-应变关系符合胡克定律；②在任一主拉应力超过混凝土的抗拉强度时，该主应力分量将因开裂而变为零，材料在该主应力方向上的承载能力完全丧失；③开裂后的应变为开裂前的线性应变及开裂后的非线性应变之和。

线弹性拉裂模型的破坏准则可表示为

$$F = \sigma_1 - f_t = 0 \tag{5.142}$$

式中，f_t 为混凝土抗拉强度。

5.4.2　考虑开裂深度约束的拱坝体形优化设计

虽然拱坝的局部开裂一般不影响其正常运行，但为了保证拱坝有足够的安全性，应对其可能的发展程度加以限制。本书在优化过程中对拱坝可能的开裂深度加以控制，即引入开裂深度约束来代替常规优化中的拉应力约束，相应的优化模型为[27]

$$
\begin{cases}
\text{find} & X = [x_1, x_2, \cdots, x_n]^T \\
\min & V \\
\text{s.t.} & c \leqslant [c] \\
& \sigma_{c\,\max}^{eq} \leqslant [\sigma_{c\,\max}^{eq}] \\
& \varphi_{\max} \leqslant [\varphi_{\max}] \\
& g_j(X) \leqslant 0, \quad (j = 1, 2, \cdots, p)
\end{cases}
\tag{5.143}
$$

式中，$c = \dfrac{l_c}{T}$ 为相对开裂深度，l_c 为裂缝深度，T 为坝体相应断面的厚度；$[c]$ 为

相对开裂深度的允许值，可参照"混凝土拱坝设计规范"（DL/T 5346—2006）[28]
的编制说明，取为0.1。

以第4章中拱坝为例，具体优化模型为

$$\begin{cases} \text{find} & \boldsymbol{X} = [x_1, x_2, \cdots, x_{31}]^{\mathrm{T}} \\ \min & V \\ \text{s.t.} & x_i^{\mathrm{L}} \leqslant x_i \leqslant x_i^{\mathrm{U}}, \ (i = 1, 2, \cdots, 31) \\ & c \leqslant 0.1 \\ & \sigma_{\mathrm{c\,max}}^{\mathrm{eq}} \leqslant 10\mathrm{MPa} \\ & \varphi_{\mathrm{max}} \leqslant 100° \\ & K_{\mathrm{U}} \leqslant 0.30 \\ & K_{\mathrm{D}} \leqslant 0.25 \end{cases} \tag{5.144}$$

式中，设计变量分布及其上、下限见 4.2.3 节；开裂分析时坝体混凝土抗拉强度取
4.0MPa。

表 5.5 和表 5.6 分别给出了优化体形参数和不同设计方案的特征参数。图 5.13
显示了优化体形坝体开裂范围。可以看出，相对于初始设计体形和弹性应力约束
优化体形和开裂约束下优化体形的坝体体积分别减小了 $91.68 \times 10^4 \mathrm{m}^3$ 和 $31.36 \times 10^4 \mathrm{m}^3$，说明开裂约束下的体形优化能进一步挖掘拱坝潜力，具有更好的经济效
益。优化体形的开裂区主要在河床处的坝踵部位，最大相对开裂深度出现在左拱

表 5.5　开裂深度约束下优化设计方案拱坝体形参数

高程 /m	拱冠梁参数		左侧拱圈参数			右侧拱圈参数		
	上游面坐标/m	厚度/m	拱端厚度/m	拱冠曲率半径/m	半中心角/(°)	拱端厚度/m	拱冠曲率半径/m	半中心角/(°)
834.0	0.000	10.239	12.003	425.079	44.795	14.787	279.570	42.204
760.0	−34.655	39.378	45.090	357.247	48.317	42.568	262.870	41.504
640.0	−44.193	60.544	79.994	250.683	41.364	73.769	214.380	40.891
545.0	−39.858	79.352	79.757	217.196	10.000	79.972	267.101	14.483

表 5.6　不同设计方案的拱坝体形特征参数对比

设计方案	体积 /(10⁴m³)	拱冠梁顶厚/m	拱冠梁底厚/m	最大拱端厚度 /m	最大中心角 /(°)	上游倒悬度	下游倒悬度
初始设计	800.47	14.000	70.000	83.517	96.015	0.13	0.09
弹性约束优化	740.15	10.000	80.000	80.522	95.037	0.18	0.12
开裂约束优化	708.79	10.239	79.352	79.994	89.821	0.10	0.15

图 5.13　优化体形坝体开裂范围

端坝踵处，达到了约束允许值。表 5.7 对比了不同设计方案拱坝的弹性性能指标。在弹性条件下，开裂约束优化方案与弹性约束优化方案相比，拱坝的压应力水平及最大位移基本相当。

表 5.7　不同设计方案的拱坝弹性性能指标对比

设计方案	$\sigma_{t\,max}$ /MPa	$\sigma_{c\,max}$ /MPa	$u_{z\,max}$ /cm	$\sigma_{t\,max}^{eq}$ /MPa	$\sigma_{c\,max}^{eq}$ /MPa
初始设计	3.45	16.65	11.42	1.66	10.34
弹性约束优化	3.40	15.74	12.81	1.49	9.98
开裂约束优化	4.85	16.18	12.01	2.35	9.98

参 考 文 献

[1] 钟万勰, 张洪武, 吴承伟. 参变量变分原理及其在工程中的应用[M]. 北京: 科学出版社, 1997.

[2] 沙德松, 孙焕纯. 虚功原理的变分不等方程及其在物理非线性问题中的应用[J]. 计算结构力学及其应用, 1990, 7(2): 17-24.

[3] 郭小明, 余颖禾. 塑性流动理论的变分不等式模式及其优化解[J]. 上海力学, 1993, 14(1): 48-55.

[4] 陈明祥. 弹塑性力学[M]. 北京: 科学出版社, 2007.

[5] 孙林松, 郭兴文, 王德信. 弹塑性问题的互补变分原理与模型[J]. 河海大学学报(自然科学版), 2002, 30(2): 35-38.

[6] 王勖成. 有限单元法[M]. 北京: 清华大学出版社, 2003.

[7] Hsieh S S, Ting E C, Chen W F, A Plastic-Fracture Model for Concrete[J]. International Journal of Solids and Structures, 1982, 18(3): 181-197.

[8] 卓家寿, 姜弘道. 带有夹层基岩的三维弹塑性分析[J]. 华东水利学院学报, 1979, (2): 1-22.

[9] Goodman R E, Taylor R L, Brekke T L. A model for the mechanics of jointed rock[J]. Journal

of the Soil Mechanics and Foundations, 1968, 94(3): 637-660.

[10] O'Connor J P F. The modeling of cracks, potential crack surfaces and construction joints in arch dams by curved surface interface element[A]//Proc of 15th ICOLD[C], Lausanne, Switzerland, 1985: 389-406.

[11] Weber B, Hohberg J M, Bachman H. Earthquake analysis of arch dams including joint non-linearity and fluid/structure interaction[J]. Dam Engineering, 1990, 1(4): 267-277.

[12] Fenves G L, Mojtahedi S. Earthquake response of an arch dam with construction joint opening[J]. Dam Engineering, 1993, 4(2): 63-89.

[13] 赵光恒, 杜成斌. 分缝拱坝的地震响应分析[J]. 河海大学学报(自然科学版), 1994, 22(5): 1-8.

[14] 朱伯芳. 有限厚度带键槽接缝单元及接缝对混凝土坝应力的影响[J]. 黑龙江水利科技, 2002, 1(3): 1-7.

[15] 孙林松, 王德信. 坝体接缝的线性互补模型及横缝对拱坝工作性态的影响[J]. 水利学报, 2003, 34(7): 74-79.

[16] 姜小兰, 陈进, 孙绍文, 等. 高拱坝整体稳定问题的试验研究[J]. 长江科学院院报, 2008, 25(5): 88-93.

[17] 周维垣, 林鹏, 杨若琼, 等. 高拱坝地质力学模型试验方法与应用[M]. 北京: 中国水利水电出版社, 2008.

[18] 张林, 陈建叶. 水工大坝与地基模型试验及工程应用[M]. 成都: 四川大学出版社, 2009.

[19] 任青文. 岩体破坏分析方法的研究进展[J]. 岩石力学与工程学报, 2001, 20(S2): 1303-1309.

[20] Ren Q W, Li Q, Jiang Y Z, et al. Theory and methods of global stability analysis for high arch dam [J]. Sci China Tech Sci, 2011, 54(S1): 9-17.

[21] 宁宇, 徐卫亚, 郑文棠, 等. 白鹤滩水电站拱坝及坝肩加固效果分析及整体安全度评价[J]. 岩石力学与工程学报, 2008, 27(9): 1890-1898.

[22] 段庆伟, 耿克勤, 吴永平, 等. 小湾拱坝变形承载力及整体安全度评价与分析[J]. 岩土力学, 2008, 29(S1): 19-24.

[23] 梅明荣, 徐建强, 任青文. 白鹤滩拱坝整体安全度的非线性分析[J]. 水利水电科技进展, 2006, 26(5): 41-44.

[24] 余天堂, 任青文. 锦屏高拱坝整体安全度评估[J]. 岩石力学与工程学报, 2007, 26(4): 787-794.

[25] 黄文雄, 王德信, 许庆春. 高拱坝的开裂与体形优化[J]. 水力发电, 1997, (11): 26-29.

[26] 曹志远. 复杂结构分析的超级元法[J]. 力学与实践, 1992, 14(4): 10-14.

[27] 孙林松, 王德信, 孙文俊. 考虑开裂深度约束的拱坝体形优化设计[J]. 水利学报, 1998, 29(10): 18-22.

[28] 中华人民共和国国家发展和改革委员会. DL/T 5346—2006 混凝土拱坝设计规范[S]. 北京: 中国电力出版社, 2007.

6 拱坝体形优化设计软件 ADSO 使用指南

拱坝体形优化设计软件 ADSO（Arch Dam Shape Optimization）是基于有限单元法和优化设计理论，采用 Fortran95 编程语言[1]基于 Compaq Visual Fortran 6.5 平台开发的拱坝体形优化设计软件。软件著作权登记号为 2016SR261521。

6.1 软件结构与功能

ADSO 既可以用于拱坝结构应力分析，也可以用于拱坝体形优化设计。适用的拱坝拱圈线型包括抛物线、椭圆、双曲线、三心圆、对数螺旋线以及一般二次曲线等[2]。

拱坝应力分析方法采用有限单元法，可进行常规的静力分析、常规静力分析+拟静力法地震应力分析以及分期浇筑、分期封拱、分期蓄水条件下的全过程应力分析。

拱坝体形优化采用了先进的智能优化算法——加速微种群遗传算法[3]。优化目标函数包含坝体体积、最大主拉应力和最大主压应力等，可以进行单目标或多目标优化。应力约束采用有限元等效应力描述；在几何约束方面，考虑了坝厚、中心角、倒悬度以及坝面凸性等约束。

本软件的主运行程序是 ADSO.exe。该软件有一个运行主界面，含 8 个下拉菜单。每个下拉菜单又含有各自的二级菜单。通过点击下拉菜单及二级菜单来实现相应的功能。软件及各模块结构如图 6.1~图 6.6 所示。

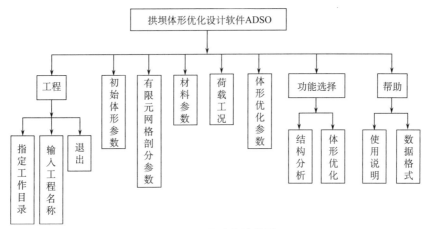

图 6.1 软件总体结构图

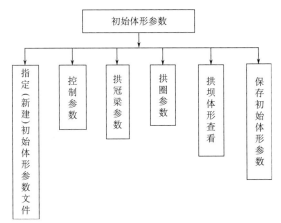

图 6.2　初始体形参数模块结构图

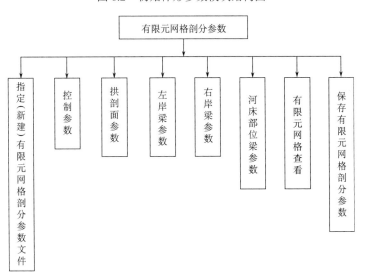

图 6.3　有限元网格剖分参数模块结构图

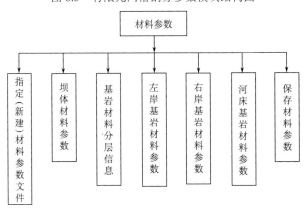

图 6.4　材料参数模块结构图

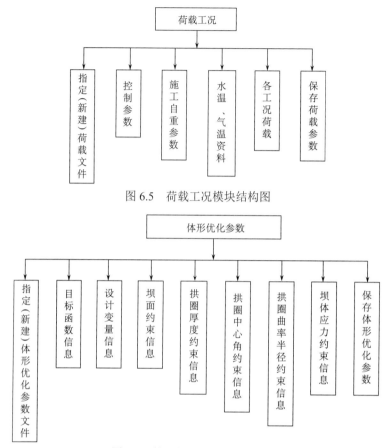

图 6.5　荷载工况模块结构图

图 6.6　体形优化参数模块结构图

6.2　软件使用方法与步骤

双击主程序 ADSO.exe，出现图 6.7 所示程序运行界面。

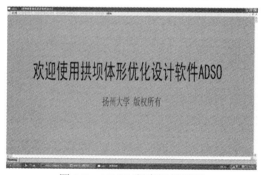

图 6.7　ADSO 程序运行界面

6.2.1 工程模块

工程模块包含图 6.8 所示 3 个二级菜单，用于确定工作目录与工程名称，以及退出程序。

图 6.8 工程模块二级菜单

步骤 1：点击"指定工作目录"，弹出图 6.9 所示窗口，用户选择工作目录。

图 6.9 指定工作目录

步骤 2：点击"输入工程名称"，弹出图 6.10 所示对话框，用户输入工程名称。

图 6.10 输入工程名称

6.2.2 初始体形参数模块

初始体形参数模块包含图 6.11 所示 6 个二级菜单，用于输入拱坝初始体形参数。

图 6.11　初始体形二级菜单

步骤 1：点击"指定/新建初始体形参数文件"，弹出图 6.12 所示窗口，用户确定初始体形参数文件名，该文件可以是用户按帮助文件中的数据格式事先准备好的文件，也可以是一个新建文件。

图 6.12　指定/新建初始体形参数文件

步骤 2：点击"控制参数"，弹出图 6.13 所示对话框，用户按照变量说明输入拱坝体形描述控制参数。

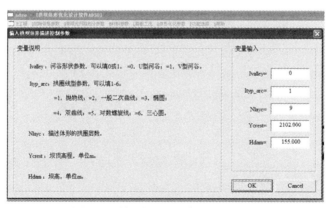

图 6.13　输入拱坝体形描述控制参数

步骤 3：点击"拱冠梁参数"，弹出图 6.14 所示对话框，用户按照变量说明输入拱冠梁描述参数。

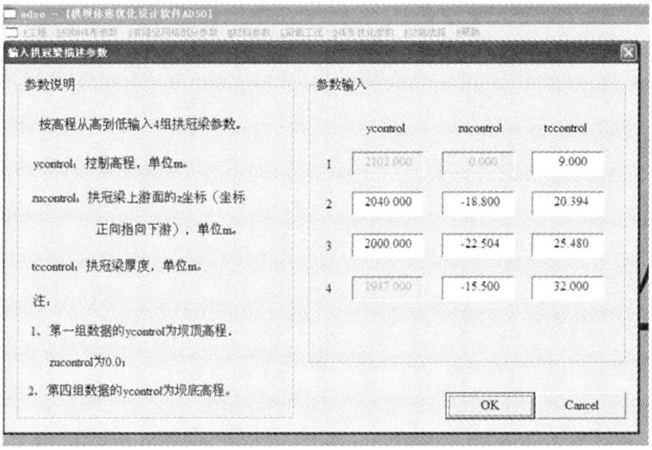

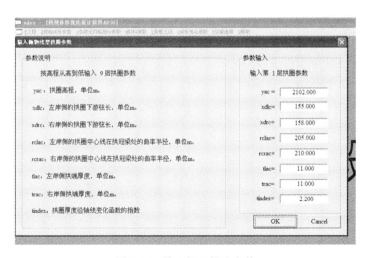

图 6.14 输入拱冠梁描述参数

步骤 4：点击"拱圈参数"，弹出图 6.15 所示对话框，用户按照参数说明输入各层拱圈描述参数。

图 6.15 输入拱圈描述参数

步骤 5：点击"拱坝体形查看"，首先弹出图 6.16 所示对话框，用户指定 AutoCAD 安装目录后，自动打开 AutoCAD 显示拱坝体形如图 6.17。如体形有误，则关闭 AutoCAD 返回前面步骤修改体形参数；否则，关闭 AutoCAD 进入下一步。

图 6.16　选择 AutoCAD 安装目录

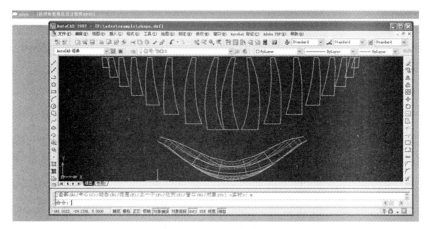

图 6.17　显示拱坝体形

步骤 6：点击"保存初始体形参数"，把前面输入的体形参数写入步骤 1 所指定的数据文件。

6.2.3　有限元网格剖分参数模块

有限元网格剖分参数模块包含图 6.18 所示 8 个二级菜单，用于输入有限元网格剖分参数。

图 6.18　有限元网格剖分二级菜单

步骤 1：点击"指定/新建有限元网格剖分参数文件"，弹出图 6.19 所示窗口，供用户确定有限元网格剖分参数文件名。

图 6.19 指定/新建有限元网格剖分参数文件

步骤 2：点击"控制参数"，弹出图 6.20 所示对话框，用户按照变量说明输入有限元网格剖分控制参数。

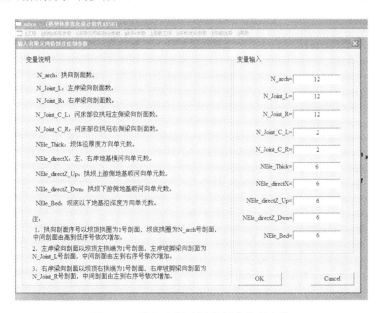

图 6.20 输入有限元网格剖分控制参数

步骤 3：点击"拱剖面参数"，弹出图 6.21 所示对话框，用户输入各个拱剖面的高程。

图 6.21 输入拱剖面高程

步骤 4：点击"左岸梁剖面参数"，弹出图 6.22 所示对话框，用户按参数说明输入各个左岸梁向剖面特征参数。

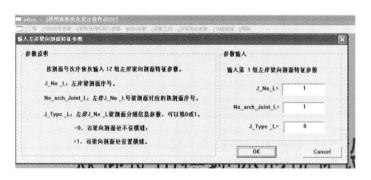

图 6.22 输入左岸梁剖面参数

步骤 5：点击"右岸梁剖面参数"，弹出图 6.23 所示对话框，用户按参数说明输入各个右岸梁向剖面特征参数。

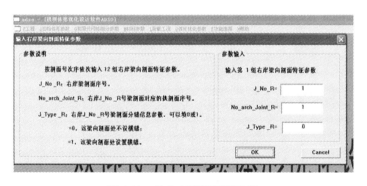

图 6.23 输入右岸梁剖面参数

步骤 6：点击"河床部位梁剖面参数"，弹出图 6.24 所示对话框，用户按参数说明输入河床部位各个梁向剖面的特征参数。

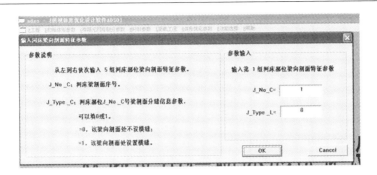

图 6.24 输入河床部位梁剖面参数

步骤 7：点击"有限元网格查看"，自动打开 AutoCAD 显示有限元网格如图 6.25。如网格有误或不合理，则关闭 AutoCAD 返回前面步骤修改网格剖分参数；否则，关闭 AutoCAD 进入下一步。

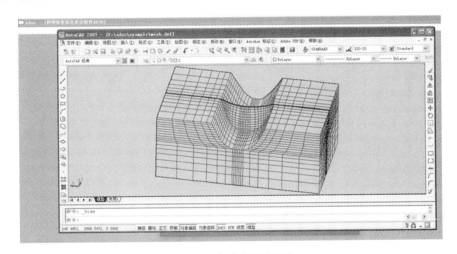

图 6.25 查看有限元网格

步骤 8：点击"保存有限元网格剖分参数"，把前面输入的有限元网格剖分参数写入步骤 1 所指定的数据文件。

6.2.4 材料参数模块

材料参数模块包含图 6.26 所示 7 个二级菜单,用于输入坝体和地基材料参数。

步骤 1：点击"指定/新建材料参数文件"，弹出图 6.27 所示窗口，供用户确定材料参数文件名。

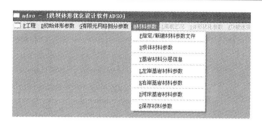

图 6.26　材料参数二级菜单

图 6.27　指定/新建材料参数文件

步骤 2：点击"坝体材料参数"，弹出图 6.28 所示对话框，用户按照变量说明输入坝体材料参数。

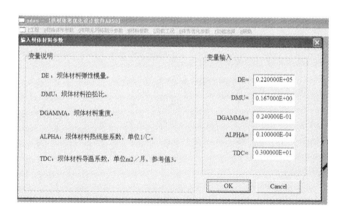

图 6.28　输入坝体材料参数

步骤 3：点击"基岩材料分层信息"，弹出图 6.29 所示对话框，用户按照变量说明输入基岩分层信息参数。

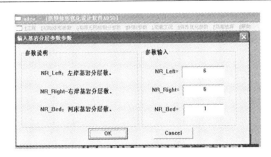

图 6.29 输入基岩分层信息参数

步骤 4：点击"左岸基岩材料参数"，弹出图 6.30 所示对话框，用户按照变量说明输入左岸基岩材料参数。

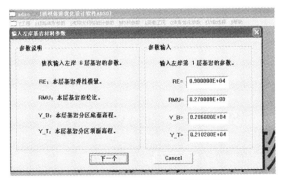

图 6.30 输入左岸基岩材料参数

步骤 5：点击"右岸基岩材料参数"，弹出图 6.31 所示对话框，用户按照变量说明输入右岸基岩材料参数。

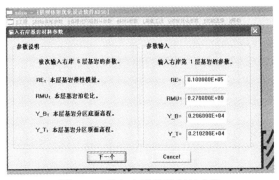

图 6.31 输入右岸基岩材料参数

步骤 6：点击"河床基岩材料参数"，弹出图 6.32 所示对话框，用户按照变量说明输入河床基岩材料参数。

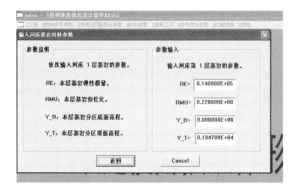

图 6.32　输入河床基岩材料参数

步骤 7：点击"保存材料参数"，把前面输入的材料参数写入步骤 1 所指定的数据文件。

6.2.5　荷载工况模块

荷载工况模块包含图 6.33 所示 6 个二级菜单，用于输入荷载工况参数。

图 6.33　荷载工况二级菜单

步骤 1：点击"指定/新建荷载文件"，弹出图 6.34 所示窗口，供用户确定荷载文件名。

图 6.34　指定/新建荷载文件

步骤 2：点击"控制参数"，弹出图 6.35 所示对话框，用户按照变量说明输入荷载控制参数。

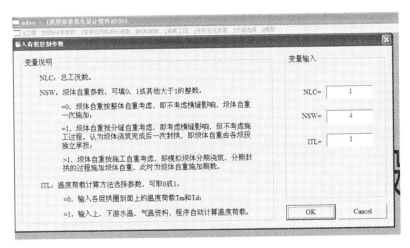

图 6.35 输入荷载控制参数

步骤 3：当控制参数 NSW>1 时，"控制参数"二级菜单激活，点击后弹出图 6.36 所示对话框，用户按照变量说明输入各期的浇筑高程与封拱高程。

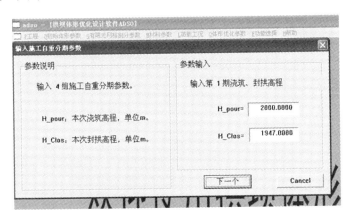

图 6.36 输入施工自重分期参数

步骤 4：当控制参数 ITL=1 时，"水温、气温资料"二级菜单激活，点击后依次弹出图 6.37~图 6.40 所示对话框，用户按照变量说明输入气温资料、上游水温资料、下游水温资料以及封拱温度。

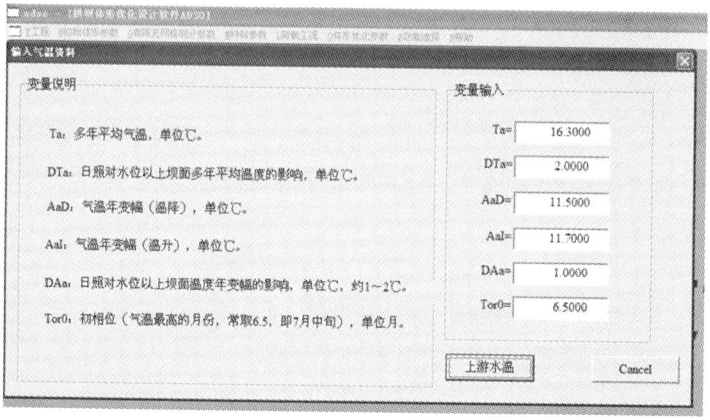

图 6.37　输入气温资料

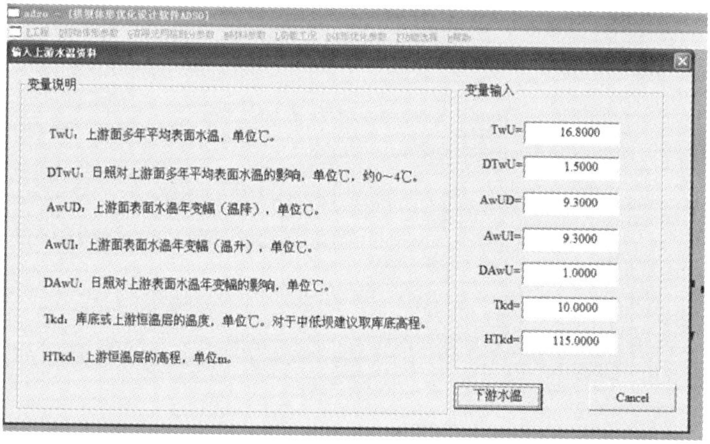

图 6.38　输入上游水温资料

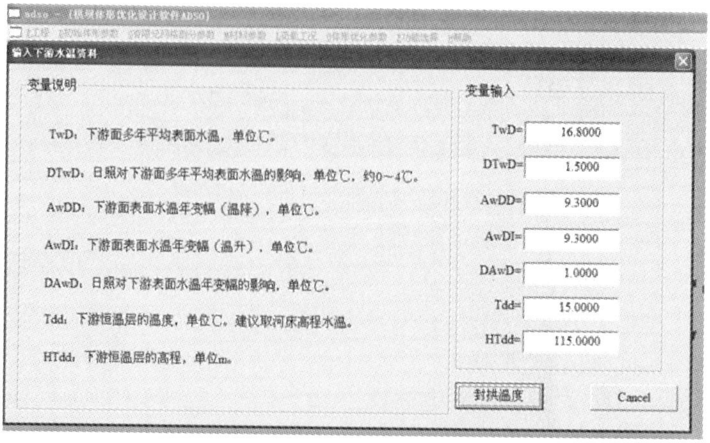

图 6.39　输入下游水温资料

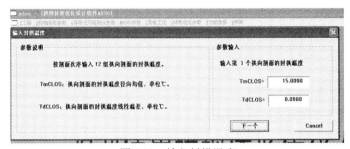

图 6.40 输入封拱温度

步骤 5：点击"各工况荷载"，弹出图 6.41 所示对话框，用户按照变量说明输入各工况的荷载组合。

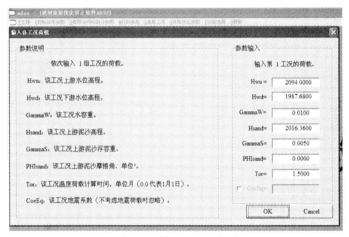

图 6.41 输入各工况荷载

步骤 6：点击"保存荷载参数"，把前面输入的荷载参数写入步骤 1 所指定的数据文件。

6.2.6 体形优化参数模块

体形优化参数模块包含图 6.42 所示 9 个二级菜单，用于输入体形优化参数。

图 6.42 体形优化参数二级菜单

步骤 1：点击"指定/新建体形优化参数文件"，弹出图 6.43 所示窗口，供用户确定体形优化参数文件名。

图 6.43　指定/新建体形优化参数文件

步骤 2：点击"目标函数信息"，弹出图 6.44 所示对话框，用户按照变量说明输入体形优化目标函数信息。

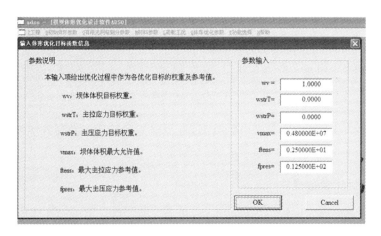

图 6.44　输入体形优化目标函数信息

步骤 3：点击"设计变量信息"，弹出图 6.45 所示对话框，用户按照变量说明输入体形优化设计变量参数。

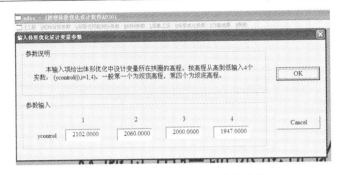

图 6.45　输入体形优化设计变量参数

　　步骤 4：点击"坝面约束信息"，弹出图 6.46 所示对话框，用户按照变量说明输入体形优化坝面约束信息。

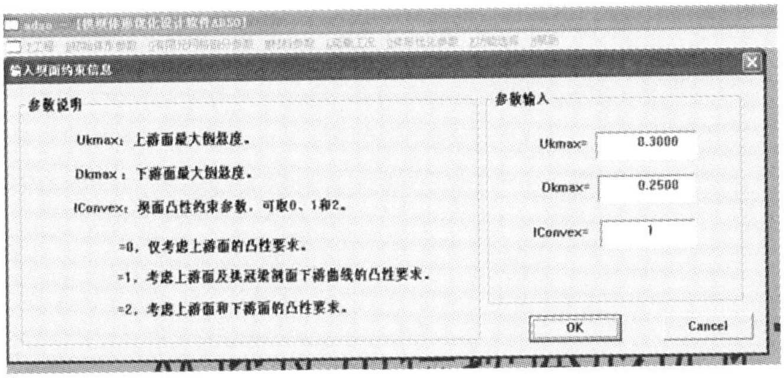

图 6.46　输入体形优化坝面约束信息

　　步骤 5：点击"拱圈厚度约束信息"，弹出图 6.47 所示对话框，用户按照变量说明输入体形优化拱圈厚度约束信息。

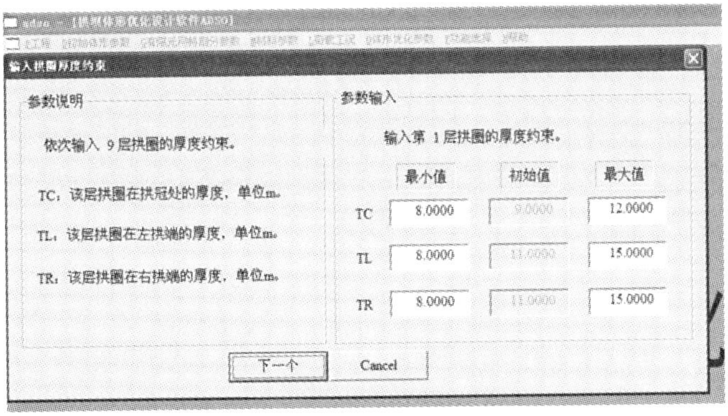

图 6.47　输入体形优化拱圈厚度约束信息

步骤 6：点击"拱圈中心角约束信息"，弹出图 6.48 所示对话框，用户按照变量说明输入体形优化拱圈中心角约束信息。

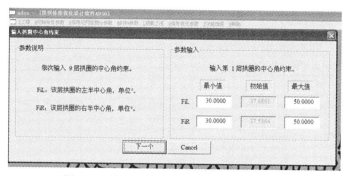

图 6.48　输入体形优化拱圈中心角约束信息

步骤 7：点击"拱圈曲率半径约束信息"，弹出图 6.49 所示对话框，用户按照变量说明输入体形优化拱圈曲率半径约束信息。

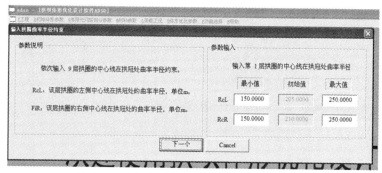

图 6.49　输入体形优化拱圈曲率半径约束信息

步骤 8：点击"坝体应力约束信息"，弹出图 6.50 所示对话框，用户按照变量说明输入体形优化中坝体应力约束信息。

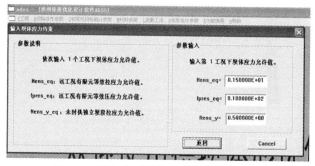

图 6.50　输入体形优化坝体应力约束信息

步骤 9：点击"保存体形优化参数"，把前面输入的体形优化参数写入步骤 1
所指定的数据文件。

6.2.7 功能选择模块

功能选择模块包含图 6.51 所示 2 个二级菜单，用于选择进行拱坝结构分析或
拱坝体形优化，计算结束后会分别弹出图 6.52 或图 6.53 所示的提示框。计算结
果文件存放于子目录 result 中（图 6.54），用户可以直接打开查看拱坝体形参数及
主要应力位移的结果，如图 6.55 和图 6.56 所示。

图 6.51　功能选择二级菜单

图 6.52 拱坝结构分析结束提示框

图 6.53　拱坝体形优化结束提示框

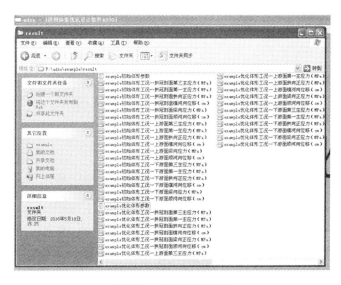

图 6.54　计算结果文件

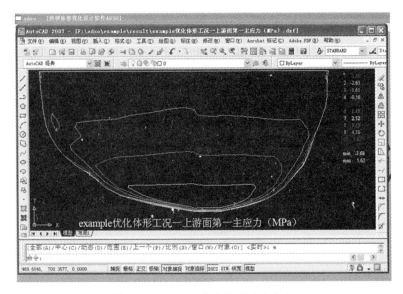

高程	拱冠上游坐标	拱冠厚度	左拱端厚度	右拱端厚度	左曲率半径	右曲率半径	左中心角	右中心角
2102.0000	0.0000	8.7216	9.1177	9.3705	150.5131	160.9501	39.6047	37.7065
2080.0000	-7.3480	14.0521	13.4310	16.1236	124.9956	133.6375	43.0675	41.4282
2060.0000	-13.4016	18.9742	17.8649	22.2182	104.5456	111.4910	45.8157	44.9559
2040.0000	-17.5320	23.1508	22.0576	27.1481	90.3292	95.8581	46.4758	46.3609
2020.0000	-19.9930	26.8616	26.1204	31.1928	80.3857	84.7561	46.5444	46.5064
2000.0000	-21.0384	30.3863	30.1643	34.6320	72.7540	76.2021	46.1710	46.8857
1980.0000	-20.9218	34.0045	34.3005	37.7456	65.4733	68.2133	46.1556	45.4711
1960.0000	-19.8971	37.9959	38.6402	40.8130	56.5827	58.8069	46.2495	46.2608
1947.0000	-18.2180	42.6402	43.2945	44.1140	44.1212	46.0000	37.1979	38.5996

图 6.55　example 优化体形参数

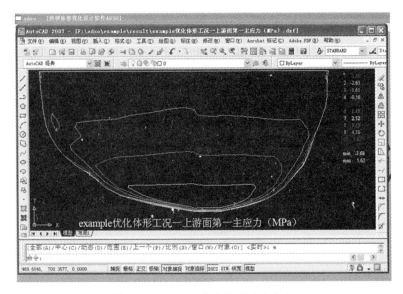

图 6.56　example 优化体形应力分布

6.2.8　帮助模块

帮助模块包含图 6.57 所示 2 个二级菜单，用于查看软件使用说明和数据文件格式，如图 6.58 和图 6.59 所示。

图 6.57　帮助二级菜单

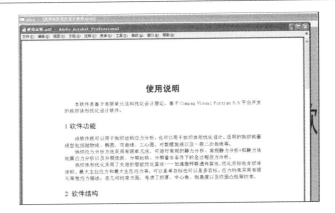

图 6.58　使用说明

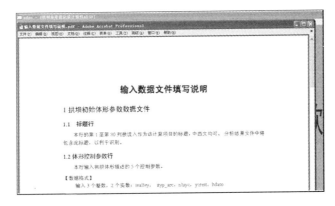

图 6.59　数据文件格式

参 考 文 献

[1]　彭国伦. Fortran95 程序设计[M]. 北京: 中国电力出版社，2002.

[2]　蔡新, 郭兴文, 张旭明. 工程结构优化设计[M]. 北京: 中国水利水电出版社，2003.

[3]　孙林松, 张伟华, 郭兴文. 基于加速微种群遗传算法的拱坝体形优化设计[J]. 河海大学学报(自然科学版), 2008, 36(6):758-762.